Ronald Schmidt

IM SCHWARZWILDREVIER

Jagderlebnisse, Hegemaßnahmen, Wildbret veredeln

stv

Ronald Schmidt

IM SCHWARZWILD-REVIER

Jagderlebnisse, Hegemaßnahmen, Wildbret veredeln

Leopold Stocker Verlag
Graz – Stuttgart

Umschlaggestaltung und Repro: DSR Werbeagentur Rypka GmbH, 8143 Dobl, www.rypka.at
Titelbild: Foto © www.istock/Thomas_Zsebok_Images

Alle Fotos im Innenteil des Buches sowie auf der Umschlag-Rückseite wurden dem Verlag freundlicherweise vom Autor zur Verfügung gestellt.

Bibliografische Information der Deutschen Nationalbibliothek
Die Deutsche Nationalbibliothek verzeichnet diese Publikation in der Deutschen Nationalbibliographie; detaillierte bibliographische Daten sind im Internet über http://dnb.d-nb.de abrufbar.

Hinweis
Dieses Buch wurde auf chlorfrei gebleichtem Papier gedruckt. Die zum Schutz vor Verschmutzung verwendete Einschweißfolie ist aus Polyethylen chlor- und schwefelfrei hergestellt. Diese umweltfreundliche Folie verhält sich grundwasserneutral, ist voll recyclingfähig und verbrennt in Müllverbrennungsanlagen völlig ungiftig.

Auf Wunsch senden wir Ihnen gerne kostenlos unser Verlagsverzeichnis zu:
Leopold Stocker Verlag GmbH
Hofgasse 5
Postfach 438
A-8011 Graz
Tel.: +43 (0)316/82 16 36
Fax: +43 (0)316/83 56 12
E-Mail: stocker-verlag@stocker-verlag.com
www.stocker-verlag.com

ISBN 978-3-7020-2090-3

Layout: Ecotext-Verlag Mag. G. Schneeweiß-Arnoldstein, Wien

Inhaltsverzeichnis

Ein Wort vorweg und ein Blick zurück

Von Kindesbeinen an …

Bereits als kleiner Bub im Alter von sieben Jahren zog es mich magisch in die wunderschöne Natur mit ihrer reichen Artenvielfalt: Die Pflanzen-, Insekten- und Tierwelt der hessischen Heimat hatte viel zu bieten. Für mich gab es zu jener Zeit als Kind nichts Schöneres, als an Bach- und Flussläufen sowie in Feld und Wald unsere heimischen Tiere und Pflanzen beobachten zu können. Meine Mutter hatte stets große Mühe, mich unter Kontrolle zu halten, denn wann immer es mir möglich war, suchte ich das Weite, um in Wald, Feld und Flur zu ziehen.

Mit dem kleinen Tretroller oder Fahrrädchen und meiner ersten eigenen Hündin Dana (eine englische Springer Spaniel-Mischlingshündin), die auch gleichzeitig meine engste Spielkameradin war, zog ich täglich in Richtung Feld- und Waldgemarkung.

Unsere Fauna begeisterte mich so sehr, dass ich unterwegs die Zeit und auch die Sorge meiner Mutter völlig außer Acht ließ – und so kam es des Öfteren vor, dass ich von meinen Familienangehörigen und Nachbarn bei fortgeschrittener Dämmerung gesucht wurde. Zu meiner Verwunderung bekam ich dann jedes Mal wieder den Hosenboden stramm gezogen. Und DAS konnte ich weder nachvollziehen noch verstehen.

Ich werde nie vergessen, als Onkel Otto aus meiner Nachbarschaft mich tadelte und zu mir sagte: „Junge, was machst du deiner lieben Mama für Sorgen, kannst du nicht wie andere Kinder auf dem Spielplatz spielen? Irgendwann holt dich noch ein großer Bär und nimmt dich mit!"

Onkel Otto kannte mich allerdings schlecht: Aus den Erzählungen der Bauern im Ort und aus den Dokumentarfilmen von Heinz Sielmann und Horst Stern im Fernsehen wusste ich genau, dass es in unserer Region schon lange keine Bären mehr gab. Man hatte sie bereits vor langer Zeit ausgerottet – wovor sollte ich also Angst haben!? Und schließlich hatte ich ja auch ein Taschenmesser, das ich auf meinen Erkundungsausflügen an einem Bachufer gefunden hatte. Es war zwar rostig – aber meine Haselnussspeere konnte ich damit noch prima anspitzen und verzieren.

All diese Geschehnisse blieben in meinem Heimatdorf nicht unentdeckt und sie sorgten, das darf man mir glauben, für einigen Gesprächsstoff …

Als dann meine Grundschulzeit begann, kam es – wie sollte es auch anders sein! – hin und wieder vor, dass mir die Erlebnisse in der Natur wichtiger waren als die Schule mitsamt ihrem Unterricht. Im Alter von mittlerweile zehn Jahren musste ich zusammen mit meiner Mutter einmal beim Schuldirektor erscheinen und ich beschloss hinterher, meine Nase künftig doch etwas mehr in die Schulbücher zu stecken. Die Rüge des Direktors fiel milde aus, denn zu meinem großen Glück – und zu meiner noch größeren Verwunderung – war dieser Mann in Bezug auf die Jagd und den Naturschutz äußerst interessiert. In den folgenden Schuljahren kam es sogar regelmäßig vor, dass er mich nach meinen Wild- und Naturbeobachtungen befragte. Es war erstaunlich: Dieser strenge, gefürchtete Herr Direktor hatte auch eine einfühlsame Seite!

Ein Jäger alter Schule

Es trug sich zu, dass der Jagdpächter unserer Gemeindejagd sich zum Besuch bei uns zu Hause angekündigt hatte. Genaueres wusste ich zu diesem Zeitpunkt nicht, und es war meine Großmutter, die mir erzählte, dass der Besucher telefonisch mit meiner Mutter in Kontakt getreten war. Als ich das hörte, vermutete ich eine neuerliche Schelte und fürchtete insgeheim das nächste „Gewitter" heranziehen.

Ich hatte in meinem jungen Leben schon so manchen Nachmittag auf Jagdkanzeln und Leitern verbracht, und wann immer ein Weidmann zum frühen Abendansitz schritt, hatte ich immer das Glück gehabt, diesen frühzeitig zu erblicken und schnell das Weite suchen zu können. Schließlich wusste ich ja, dass es verboten war, auf diese Ansitzeinrichtungen zu klettern. Und die angenagelten Schilder, die auf dieses Verbot hinwiesen, sah ich zwar, doch konnte ich sie schlicht noch nicht lesen. Leider blieb meine Flucht nicht immer unentdeckt, und manchmal hörte ich das Schimpfen der herannahenden Wildbretschützen.

Um nun aber auf den angekündigten Besuch des Jagdpächters zurückzukommen: Was ich nicht erahnen konnte, war, dass dieser Besuch sich trotz all meiner Befürchtungen und Ängste als sehr erfreulich erweisen und mit ihm der erste Grundstein für meine spätere Passion zum Jagen gelegt werden sollte.

Als der PKW des Jagdpächters schließlich vorfuhr und ich den Mann – ein Weidmann gleich einem Abbild aus dem Buche! – vortreten sah, ergriff mich ein Gefühl, das ich gar nicht beschreiben kann! Dort stand tatsächlich ein Jäger, wie ich ihn zuvor nur von den Buchzeichnungen des bekannten Jagdschriftstellers und Heidedichters Hermann Löns kannte. Besuch, der werktags kam, wurde in unserer gemütlichen Bauernküche empfangen. Das wusste ich und versuchte nun also, etwas von dem Gespräch mitzuhören. Unter dem großen Wacholderstrauch unter unserem Küchenfenster lag ich auf der Lauer. Doch meine Mutter muss eine gewisse

Vorahnung gehabt haben und schloss direkt nach dem ersten gesprochenen Satz das Fenster. Diesen einen Satz hatte ich jedoch gehört, niemand konnte ihn mir mehr nehmen, und er ist mir noch immer im Gedächtnis:

„Ich habe gehört", sprach der Weidmann, „dass dein Junge ein großes Interesse an den Wildtieren und dem Wald hat." Und so erzählte meine Mutter ihm dann bei Kaffee und Kuchen ihre Erlebnisse mit mir und erwähnte meinen fortwährenden Drang, hinaus in den Wald zu ziehen.

Als ich am nächsten Tag aus der Schule kam, berichtete meine Mutter mir von der Unterhaltung ,und ich konnte kaum glauben, was ich da hörte. Meine damalige Freude über ihre Worte werde ich wohl auch immer in Erinnerung behalten. Ich bekam nämlich ich die Erlaubnis, mit diesem liebenswerten Weidmann und erfahrenen Jäger mit zur Jagd und auf die Pirsch zu gehen, nachdem ich versprochen hatte, mich mehr auf die Schule zu konzentrieren, um bessere Schulnoten zu bekommen.

Diesem Jäger alter Schule mit seinem großen jagdlichen Wissen, seiner Weidgerechtigkeit, Ethik, Großzügigkeit und Kameradschaft habe ich sehr viel zu verdanken, und so wurde der Traum des kleinen Jungen wahr: Hirsch, Sau, Reh, Hase, Fuchs und andere heimische Wildarten von einem Hochsitz beobachten zu dürfen. Nichts wünschte ich mir zu dieser Zeit mehr, und nichts konnte mich glücklicher machen! Als unser Nachbar Onkel Otto davon hörte, schenkte er mir prompt einen Feldstecher. Mein erstes Fernglas, ein 7 x 50 Zeiss/Hensoldt, welch wahrhaft großzügiges Geschenk! Ich hätte nicht glücklicher sein können – obwohl ich seinen Rüffel von einst noch nicht vergessen hatte.

Damals hatten ein Jäger und ein Förster in der Gesellschaft noch einen völlig anderen Stellenwert als heute, man darf ruhig sagen: ein gewisses Ansehen. Während meiner Zeit des Erwachsenwerdens bekam ich (und auch alle anderen jagdlich Interessierten) große Unterstützung aus der Jägerschaft. Bei der Jägerprüfung war noch der „Lehrprinz" fester Bestandteil der Ausbildung, und nach erfolgreich bestandener Abschlussprüfung erhielt ein Jungjäger ein wahrlich ansprechendes Geschenk des Lehrprinzen.

Meine „Lehrzeit" und jagdliche Traditionen im Wandel der Zeit

In den darauffolgenden Jahren und bis zur bestandenen Jägerprüfung hatte ich das große Glück, von vielen alten und erfahrenen Jägern und Forstmännern zur Jagd mitgenommen zu werden. Jeder einzelne Weidmann gab sich enorme Mühe, damit ich sehr viel über die Jagd mit all ihren Zusammenhängen erlernen konnte. Manch passionierter Wildbretschütze verriet mir sogar die tiefsten Geheimnisse seiner eigenen Jagdpraxis mitsamt Erfolgsrezept, die zu seinen persönlichen Sternstunden geführt hatten.

Jagdliches Brauchtum war ein wichtiger Bestandteil in der Jagdausübung und auch bei der Jagdausbildung. Leider gerät diese Tradition heute mehr und mehr in Vergessenheit und wird von der jüngeren Generation immer weniger übernommen und praktiziert. Das ist sehr schade, denn schließlich zählt auch dies zum Kulturgut des deutschen Weidwerks. Ich denke heute mit großer Ehrfurcht und Dankbarkeit daran, dass mir als jungem Bürschchen, jungem Treiber und später auch als Jungjäger das Glück zuteil wurde, Niederwild- und Hochwildjagden mit all ihren zelebrierten Traditionen miterleben zu dürfen.

In besonderer Erinnerung geblieben sind mir ebenfalls die alten, stimmungsvollen Jagdlieder, die sogar die jüngsten Treiber kannten. Von den Jagdhornbläsern mit Parforce- und Jagdhorn musikalisch begleitet, wurde voller Inbrunst mitgesungen

Schüsseltreiben

Damals wie heute: Was gibt es Schöneres für einen Jäger, als wenn in frostiger, sonniger, schneebedeckter Landschaft in grünem Tann oder in der Feldgemarkung eine Gesellschaftsjagd mit Weidkameraden stattfindet? Später, beim anschließenden Schüsseltreiben, wird dann Jagdgericht gehalten.

Wenn der Jagdherr oder Jagdleiter es verstand, ein Fehlverhalten von teilnehmenden Schützen, der Treiberwehr und anderen an der Gesellschaftsjagd teilnehmenden Personen auf humorvolle Weise zu reglementieren, blieb selbst bei den Betroffenen kein Auge trocken. Spaß und Humor wurden großgeschrieben, und der Getränkedeckel des jeweils Reglementierten wies am Ende des Tages sehr viele Striche auf. Ich habe es aber niemals erlebt, dass die sogenannte „Jagdgerichtsstrafe“ nicht gerne entrichtet worden wäre.

Denn der Großteil des entrichteten Geldes kam nicht der Jagdgesellschaft oder dem Jagdherrn zugute, sondern der Treiberwehr und den Hundeführern, die letztendlich durch ihre Passion und ihr Durchhaltevermögen selbst bei schlechtesten Wetterbedingungen für den Erfolg und ein gutes Streckenergebnis mitverantwortlich waren. Schließlich sollte und durfte die Motivation der Treiberwehr und der Hundeführer ja nicht auf der Strecke bleiben!

Schätzspiel

Ich möchte es nicht versäumen, von einem Highlight eines Schüsseltreibens zu berichten: Ende der 1970er Jahre gab es selbst in unseren Feld- und

Waldrevieren noch einen beachtlichen Feldhasenbesatz, und es war selbstverständlich, dass auf der Strecke neben Rotwild, Schwarzwild (damals noch eine Seltenheit!), Muffelwild, Rehwild und Fuchs ein guter Streckenanteil an Feldhasen vorhanden war. Dementsprechend groß war natürlich auch die Nachfrage bezüglich eines Weihnachtshasen. Und so hatte ein ganz besonders findiger Jagdpächter – um genau zu sein: mein damaliger Lehrprinz – eine Idee.

Nach dem Essen wurde zu späterer Stunde vonseiten des Jagdherrn das „Hasengewicht-Schätzen" eröffnet. Jenes Schätzspiel verläuft folgendermaßen:

Eine unparteiische Person, meistens der Gastwirt, bei welchem das Schüsseltreiben stattfindet, erhält vor Beginn vom Jagdleiter einen erlegten Hasen vom Streckenplatz (in der Regel den stärksten Hasen). Nachdem der Jagdherr die Ansprache gehalten und den Verlauf mit allen Regeln erklärt hat, wird auf ein Zeichen hin der Gastwirt mit dem erlegten Hasen herbeigerufen. Der Wirt hält den Hasen hoch und zeigt ihn der Jagdgesellschaft von allen Seiten. Wichtig ist: Der Hase darf nicht angefasst, sondern ausschließlich in Augenschein genommen werden. Nachdem alle Gäste der Gesellschaft den Hasen gesehen haben, darf jeder das Gewicht desselben schätzen. Erfahrene Teilnehmerinnen und Teilnehmer tippen sogar in kleinster Grammeinheit, z.B. 5031 g, um die Möglichkeit auf den Gewinn zu steigern. Die Schätzung wird, zusammen mit dem Namen des Schätzers und dem Schätzbetrag (er betrug damals 10 DM), auf einem Bierdeckel notiert und an den Wirt abgegeben, der alle Bierdeckel einsammelt.

Sobald jeder Teilnehmende seine Schätzung abgegeben hat, wird der Hase dann vor den Augen aller gewogen – derjenige, der mit seiner Schätzung dem tatsächlichen Gewicht des Hasen am nächsten kommt, darf sich glücklich schätzen, einen Weihnachtshasen sein Eigen zu nennen.

Den beim Hasengewicht-Schätzen eingenommen Betrag spendet der Jagdherr letztendlich den Treibern. Und man erkennt: Unter diesen Bedingungen war es damals nicht sonderlich schwer, genügend Treiber für eine Gesellschaftsjagd anzuwerben.

Ja, ein solch geselliger Abend blieb mit all seinen Erzählungen, Erlebnissen und auch so manchem Jägerlatein jedem anwesenden Gast noch lange in guter Erinnerung.

Meine Begeisterung für Schwarzwild

Wie ein Schwamm sog ich also während meiner „Lehrzeit" alles Erlebte und Gehörte auf, und mit der Zeit zeigte sich dann, dass es eine Wildart gab, die mich ganz besonders in ihren Bann zog: Unser ritterliches, wehrhaftes und vor allem intelligentes Schwarzwild! Wieso mich gerade diese Wildart damals wie heute noch so fasziniert, hat wohl mit den ausgeprägten Sinnen und der hohen Intelligenz der Schwarzkittel zu tun. Wie viel Know-how, Wissen, Erfahrungswerte und jagdliche Passion für die Sauenjagd benötigt wird, durfte ich, werte Leserschaft, schon in ganz jungen Jahren miterleben. Und als ich dann vor mehr als sechsundzwanzig Jahren die Jägerprüfung bestand, begann ich – wann immer es mein Zeitplan zuließ –, das Schwarzwild regelrecht zu studieren, und ging in der Jagdpraxis neue Wege. Was die Literatur betrifft, so habe ich von Heinz Meynhardt bis zu Professor Paul Müller alle Fachbücher über Schwarzwild gelesen, die der Markt hergibt – und manche sogar mehrmals.

Bis zum heutigen Tag ist es mir vergönnt gewesen – und manche Jagdkameraden bezeichnen mich deswegen humorvoll als einen Begünstigten Dianas –, wundervolle und spannende Jagderlebnisse mit den Sauen erleben zu dürfen, besonders bei der Keilerjagd.

In diesem Buch möchte ich jeden passionierten Sauenjäger und Schwarzwild-Interessierten an meinen Erlebnissen und praktizierten Jagdmethoden teilhaben lassen. Damals bekam ich viele hilfreiche Tipps von weidgerechten und passionierten Jägern mit auf den Weg, und aus diesem Grund möchte ich meine Erfahrungen und daraus resultierenden Jagderfolge gerne weitergeben.

Wie bereits erwähnt, liegt mir diese Wildart ganz besonders am Jägerherzen und ich hoffe, dass unser Schwarzwild auch in Zukunft mit der nötigen Ehrfurcht, der richtigen Bejagungsstrategie, Besonnenheit und Weidgerechtigkeit bejagt wird.

Wir Jäger haben dem Schwarzwild gegenüber eine große Verantwortung, und wir sollten es nicht dazu kommen lassen, dass in naher oder ferner Zukunft von anderer Stelle über die Bejagung entschieden wird.

Was die heutige Schwarzwildpopulation betrifft, so sind wir Jäger und Jägerinnen mehr denn je gefordert, nicht zuletzt wegen der ASP (= Afrikanische Schweinepest), die inzwischen auch Teile von Deutschland erreicht hat!

Wir sollten – und müssen! – unser erlerntes und praktiziertes Wissen, die Liebe zur Natur und zum Wild gezielt, mit Vernunft und ohne Missgunst einsetzen, denn das sind wir unserem ritterlichen Schwarzwild schuldig.

Ich möchte mich bei allen bedanken, die mir in meinen jungen Jahren dazu verholfen haben, das Weidwerk zu erlernen, Wissen zu sammeln und mir somit meinen Erfahrungsschatz ermöglicht haben. Ganz besonderer Dank gilt den vielen Weidmännern, von denen einige leider schon nicht mehr unter uns sind, sowie meinen Jagdherren, in deren Diensten ich stand. Und noch viel größeren Dank möchte ich meiner liebevollen Ehefrau und unseren wundervollen Kindern aussprechen. Ebenso bedanke ich mich bei meinen Weidkameraden, mit denen ich zahlreiche Jagderlebnisse teile, die ich in diesem Buch zu Papier gebracht habe.

Und an diesen Erfahrungen und Erlebnissen möchte ich Sie, liebe Leserschaft, mit diesem Buch teilhaben lassen.

In diesem Sinne: Weidmannsheil und Horrido
Ihr Ronald Schmidt

Mein erster Pirschbezirk

Nachdem ich die ersten Monate als Jungjäger im Revier meines Lehrprinzen und eines Jagdfreundes meine ersten eigenen Jagderfahrungen sammeln konnte, ergab sich durch ein Gespräch mit einem mir gut bekannten Förster, der auch mein damaliger Ausbildungsleiter in der Jägerausbildung war, eine neue Jagdmöglichkeit.

Durch ihn erhielt ich einen eigenen Pirschbezirk in einem hessischen Forstamt. In jenem Forstamt durfte ich viele schöne und erlebnisreiche Stunden auf der Jagd verbringen und so manche gesellige Zeit mit den Förstern von altem Schrot und Korn erleben. Es sei mir die folgende Äußerung gestattet – und ich bitte, sie nicht misszuverstehen: Meiner Meinung nach war das die wahrscheinlich letzte Generation von Förstern, die noch echte „Vollblut-Jäger" waren und ein Herz nicht nur für den Wald, sondern vor allem auch für die dort vorkommenden Schalenwildarten hatten.

Heute steht leider bei vielen Forstmännern und -frauen – aber nicht bei allen! – hauptsächlich der Wirtschaftswald im Vordergrund. Rotwild und Rehwild werden als Waldfresser denunziert und äußerst stark nach einem hohen Abschussplan bejagt!

Aber nun zurück zu den Anfängen meiner ersten Jagdjahre im eigenen Pirsch- und Jagdbezirk. Der Bezirk lag 19 km von meinem Heimatort entfernt, genauer gesagt im hessischen Burgwald. Dieser Burgwald ist ein an nordöstlichen Randlagen gelegenes Gebiet des Berglandes in Nord- und Mittelhessen. Er ist mit einer Waldfläche von ca. 20.000 Hektar auch einer der größten Wälder in Hessen und hat unter anderem die Besonderheit, dass es dort noch sehr alte Moore gibt. Forscher sind begeistert, dass die Moore dort wieder wachsen. Dieser besondere Wald bietet vielen seltenen Pflanzen wie z. B. dem Sonnentau, dem schmalblättrigen Wollgras und vielen seltenen Orchideen optimale Lebensbedingungen.

Ich empfinde es als sehr großes Geschenk unseres Schöpfers, wenn wir Menschen die Möglichkeit haben, unsere von Gott anvertraute Natur in ihrer Artenvielfalt und ihrer wunderschönen – und immer wieder beeindruckenden – Flora und Fauna genießen zu dürfen. Dies ist einfach immer wieder beeindruckend. Ein solches Naturerlebnis gibt mir jedes Mal ein Gefühl der Freiheit und Unabhängigkeit. Benjamin Franklin sagte einst:

„Freiheit ist kein Geschenk, das uns andere Menschen machen, sondern ein Recht, das uns nach den Gesetzen Gottes und der Natur zusteht."

Wir Jäger dürfen uns sehr glücklich und vor allem dankbar schätzen, dass uns das Privileg vorbehalten ist, tiefe Einblicke ins Naturgeschehen zu erhalten und Natur in einem solchen Maße erleben zu dürfen.

Eine weitere Besonderheit des Burgwalds sind auch die dort lebenden und selten gewordenen Vogelarten. Hier haben unsere größte und unsere kleinste Eulenart, Uhu und Sperlingskauz, in fast unberührter Natur die Möglichkeit, sich prächtig fortzupflanzen. Ein wahres Paradies für Vogelkundler und Naturfreunde.

Mein zukünftiger Pirschbezirk umfasste ca. 150 Hektar, und dieses Revier konnte ich fortan nach festen Regeln und Bestimmungen von Seiten des Forstamtes nach einem vertretbaren und geregelten Abschussplan bejagen. Nachdem mich der diensthabende Revierleiter in meinen zukünftigen Pirschbezirk eingewiesen und mir sowohl alle Wechsel als auch jagdlich strategisch gelegene Punkte mit viel Zeitaufwand und Hingabe gezeigt hatte, erzählte er mir zum Schluss noch eine äußerst unerfreuliche Geschichte:

Nicht weit von der ersten Jagdkanzel meines Pirschbezirks entfernt hatte sich ein paar Jahre zuvor ein Gewaltverbrechen an einer jungen Frau ereignet. Als mir der Revierleiter die Einzelheiten der Gräueltat mitteilte, überkam mich ein ungutes Gefühl, ich wurde sehr nachdenklich und überlegte, wie an einem so friedlichen und schönen Ort so etwas Grauenhaftes hatte geschehen können.

Heinrich, der hilfreiche Forstwirt

Ich hatte das Glück, einen Forstwirt/Waldarbeiter kennenzulernen, der bereits viele Arbeitsstunden im Auftrag seines Arbeitgebers in meinem Pirschbezirk verbracht hatte. Nachdem wir uns des Öfteren bei meinen Reviergängen im Forstrevier getroffen und wir beide festgestellt hatten, dass die Chemie zwischen uns stimmte, lud er mich schließlich in sein Zuhause ein. Derartiges war nicht selbstverständlich, wie mein Revierleiter mir später mitteilte und unter vorgehaltener Hand noch wörtlich hinzufügte, dass sein Waldarbeiter ein passionierter Abwurfstangen-Sammler und vor allem -Sucher war: Jedes Jahr nahm er in der Zeit, in der die Hirsche ihre Geweihstangen abwarfen, Urlaub, um akribisch und gezielt mindesten zwei Wochen nach den Abwurfstangen zu suchen! Und das nicht nur in den Revieren seines Arbeitgebers …

Je nach Witterungsbedingungen und Jahreszeit wusste er, wann die beste Zeit dafür war, und ich konnte mich später selbst von seinem geschärften Blick überzeugen. Er hatte regelrechte Adleraugen; das bekundeten auch die anderen Förster, in dessen Revier er eingesetzt wurde.

Ich ging später gemeinsam mit ihm zweimal an verheißungsvollen Wechseln und Plätzen in meinem Pirschbezirk nach Abwurfstangen suchen und war mir sicher, dort keine Stange liegen zu sehen. Aber Heinrich, so der Name des Adlerauges, der hinter mir langsam und hochkonzentriert herging und alles genau absuchte, hatte doch tatsächlich zwei entdecken können! Eine mit vier Enden und eine Stange eines älteren Kronenhirsches mit einer Aug-, Eis- und Mittelsprosse und vier Enden in der Krone, in Form einer sogenannten Stiefelknecht- Krone.

Ich wurde bei unserem ersten Treffen bei ihm zu Hause sehr herzlich begrüßt und war sprachlos, als er seine Garage (er beanspruchte eine ganze Garage NUR für seine Abwurfstangen!) für mich öffnete. Ein regelrechtes Stangenmeer tat sich vor mir auf, allesamt waren sie nach Fundort, Datum und genauer Zeitangabe mit den jeweiligen Passstangen in einer beeindruckenden Ordnung in massiven, selbst gebauten Eichenholzregalen aufbewahrt. Er hätte zweifellos als Lagerist in den Dienst des Prinzen zu Sayn-Wittgenstein in Bad Berleburg treten können. (Anmerkung: Dort werden alle Abwurfstangen jedes einzelnen Hirsches aus dem Revier des Prinzen von dem dort angestellten Berufsjäger gesammelt und genauestens gelistet und dokumentiert. Bei der Erlegung eines Hirsches werden alle gefundenen Abwurfstangen, nebst dem erlegten König der Wälder, ausgestellt und zur Schau dargeboten.)

Unsere Gespräche dauerten häufig – so sollte es sich im Laufe der Zeit herausstellen – bis spät in den Abend hinein, und ich war froh, dass wir diesen Termin auf einen Samstag gelegt hatten. Denn wir leerten an diesem Abend einige Gläschen seines selbst gebrannten Mirabellen-Obstlers, der mich noch zwei Tage danach „begleitete". Ich bekam an diesem Abend viele Informationen darüber, wo er in der Vergangenheit viel Anblick von Wild in meinem zugewiesenen Revierteil hatte, wo und zu welchen Jahreszeiten welche Wechsel von Rot- und Schwarzwild lieber angenommen wurden. Besonders bemerkenswert waren seine Berichte darüber, wo er immer wieder starke Sauen gesehen und an welchen ruhigen und verschwiegenen Ecken im Revier sich das Schwarzwild selbst Suhlen angelegt hatte.

Bis zum heutigen Tage habe ich keinen so passionierten und ehrenwerten Forstwirt kennengelernt, der so viel Freude und Erfahrung mit unseren heimischen Wildarten hatte. Erstaunlich war, dass er selbst aber nie den Jagdschein hatte erwerben wollen.

Auf meine verwunderte Frage nach seinen Beweggründen entgegnete er mir: „Ich fotografiere lieber das Wild und erfreue mich an dem Anblick. Wildbret esse ich für mein Leben gern, überlasse aber das Erlegen von Wild lieber den Jägern und Förstern."

In der folgenden Zeit und nach sehr vielen Stunden auf Schusters Rappen konnte ich mir selbst einen genauen Überblick verschaffen, wo sich die Haupt- und Fernwechsel von Rot- und Schwarzwild befanden und wo sie ihre Haupteinstände hatten. Meinem Dackel Sam hatte ich es zu verdanken, Dieser Pirschbezirk bot dem Wild unendlich viele Einstandsmöglichkeiten mit seinen Naturverjüngungsflächen, Buchenrauschen, Brombeer-, Himbeer-, Ginster- und Farnflächen, außerdem gab es noch Jungfichtendickungen. In den nassen Waldböden wuchsen oft der Wiesenschachtelhalm, Binsen und Torfmoos. Auch ein kleiner Quellbach führte hindurch und dementsprechend gute Schöpf- und Suhlmöglichkeiten waren vorhanden.

Im Laufe der Zeit führte ich zahlreiche Hegemaßnahmen durch, auf die ich im Anschluss eingehen und genauer darüber berichten möchte.

Abfährtestellen an Haupt- und Fernwechseln

Hegemaßnahmen im ersten Pirschbezirk

Suhlen und Malbäume

Die Suhlen, die bereits von Schwarz- und Rotwild selbst angelegt wurden, habe ich von Steinen und Ästen befreit und ihnen zusätzlich Erde mit einem kleinen Anteil Ton beigemischt. Es ist regelmäßig darauf zu achten, dass die Wasserabläufe frei sind, sodass überschüssiges Nass gut abfließen kann. Nachteilig ist es, wenn das Wasser mehrere Zentimeter hoch in der Suhle steht, denn die Sauen lieben es morastig und schlammig.

Wenn die örtlichen Gegebenheiten es zulassen, dann lege ich in der Nähe der Einstände und der Hauptwechsel zusätzliche Suhlen an.

Damit diese neu angelegten Suhlen für das Wild attraktiver sind und schneller angenommen werden, träufele ich in regelmäßigen Abständen etwas „Maggi“ ein und grabe etwas Mais unter. Die Kontrolle und gegebenenfalls Ausbesserungen der Suhlen sollten dementsprechend ebenfalls erfolgen. Des Weiteren sollte dafür gesorgt werden, dass die Sauen ausreichend Wasser schöpfen können.

Vertiefungen in den Wasserzuläufen sorgen außerdem dafür, dass genügend Wasser für eine ganze Rotte zur Verfügung steht. Zusätzlich lege ich in unmittelbarer Nähe von den Suhlen auch immer noch zusätzliche Malbäume an und ich bestreiche diese in regelmäßigen Abständen mit Buchenholzteer. Hier hat sich eine Malerrolle für Raufaser sehr bewährt: Eine solche passt prima in einen 10-Liter-Eimer und man kann mit ihr den Buchenholzteer sehr gezielt und einfach an den Malbaum aufbringen, auch wenn die Oberflächenstruktur des jeweiligen Baumstammes sich gröber gestaltet.

Hierfür eignen sich besonders solche Bäume, die lange, herausragende, obenliegende und starke Wurzeln haben, damit sie auch für Frischlinge attraktiv sind und diese kleinen Wutzchen sich ausgiebig daran schubbern können.

Wenn die Haupt- und Fernwechsel bekannt sind, sollten dort zusätzliche Malbäume angelegt werden. Ich empfehle, Laub, Steine und Geäst um die Malbäume herum wegzuharken, sodass nur noch die glattgezogene Erde vorhanden ist. Auch habe ich festgestellt, dass dies die beste Möglichkeit ist, um die Schwarzwildbewegung im Revier zu beobachten und die Trittsiegel der Sauen besser bestimmen zu können.

Sind frisch geschlagene Kerben im Malbaum, dann bedeutet dies nicht unbedingt, dass ein Keiler dort seine Waffen eingeschlagen hat. Ich konnte

Mein erstes erlegtes Stück Schwarzwild, ein Überläuferkeiler, erlegt in meinem ersten Jagdbezirk.

nämlich schon des Öfteren beobachten, dass auch starke Leitbachen dazu neigen, allerdings deutlich weniger ausgeprägt als ein Keiler.

Da sich hin und wieder aber auch Wandersleut' und Mountainbiker dorthin verirren, beschloss ich (nach Rücksprache und Genehmigung des Revierleiters), Holzschranken zu errichten. Sie dienen dazu, dass sich in Zukunft Naturfreunde und Sportbegeisterte an die ausgewiesenen Wege halten. Die Schranken wurden zwar nicht verschlossen, erfüllten aber trotzdem ihren Zweck. Damit konnte und kann man auch heute die wandernden Naturliebhaber und -liebhaberinnen ein wenig auf die richtigen und ausgewiesenen Bahnen leiten.

Wildäcker

Ich möchte Ihnen, werte Leserschaft, gerne von meinen Erfahrungen bezüglich der Bestellung von Wildäckern erzählen und mit welchem Saatgut ich sehr gute Erfolge erzielen konnte.

Voranstellen möchte ich gleich einen ganz wichtigen Punkt: Bei der Schaffung von Wildäckern und Wildwiesen ist eine das Revier vernetzende Form von Tagesäsungsflächen anzustreben, auf denen nur eine **dosierte** Bejagung stattfindet! Ist der Jagddruck hier zu stark, verfehlen die Äsungsflächen ihren Sinn – und werden sie als Kirrplätze benutzt, bezeugen sie bald Verbiss und Schälschäden.

Das Vorgehen bei der Anlegung eines Wildackers lernte ich 1997 von einem Berufsjäger, der sein Handwerk wahrlich meisterhaft verstand.

Bei der Bodenbearbeitung sind gewöhnlich folgende Arbeitsschritte notwendig:

- Das Pflügen der Aussaatfläche (erfolgt am günstigsten schon im Herbst/Winter)
- Das Fräsen und Abeggen der Fläche vor der Aussaat
- Aussaat (von Hand oder maschinell)
- Düngen: Ist die Wildackerfläche bereits vorher in der Bewirtschaftung und mit den Grundnährstoffen versorgt worden, dann verwendet man einen Volldünger (NPK 12-12-17-2) und zwar 300 kg pro ha. Aufschluss über die fehlenden rückführenden Grundnährstoffe ergibt ansonsten eine Bodenanalyse.
- Je nach verwendetem Saatgut wird die Fläche eingeeggt oder angewalzt. (Hierbei ist darauf zu achten, dass die Saatgutüberdeckung mit Erde nicht zu stark ist bzw. genügt häufig je nach Saatgut ein Anwalzen der Aussaat.)

Zur maschinellen Bodenbearbeitung sollte der Boden abgetrocknet sein, damit ein feinkrümeliges Saatbeet hergestellt werden kann und eine Bodenverdichtung vermieden wird. Die Aussaat sollte in der frostfreien Zeit erfolgen, d. h. in Mittelgebirgslagen ab Mitte bis Ende April – denn ein einziger Nachtfrost kann alle gekeimten frostempfindlichen Pflanzen vernichten! Wird eine ehemals mit Wald bestandene Fläche zur Wildackerfläche genutzt, erfordert dies zunächst den Einsatz einer leistungsstarken Fräse, die im Boden verbliebene Wurzelstöcke und Stubben zermulcht. Erst danach kann mit der eigentlichen Bodenbearbeitung begonnen werden.

Bei Erstumbruch von Waldböden wird man um den Anbau anspruchsloser Pionierpflanzen nicht herumkommen, da diese helfen, die rohen

Waldböden aufzubessern. Zu diesen genügsamen Wildackerpflanzen gehören als Deckfrucht Hafer, Waldstaudenroggen und Dinkel. Als Untersaat dienen Klee, Lupine, Buchweizen und Malve. Gerade durch die entstandenen Windwurfflächen durch Orkane der letzten Jahre können sich neue Möglichkeiten für das Anlegen entsprechender Wildäcker ergeben. Aber auch durch die Nutzung der Seitenstreifen der Waldwege in den Jagdrevieren ergeben sich kleine – aber in der Gesamtheit doch beträchtliche! – Wildwiesenflächen, welche nicht zu unterschätzen sind.

Besonders attraktiv sind Flächen direkt neben Dickungen und Einständen. Bei Störungen, zum Beispiel durch sport- und naturbegeisterte Menschen, kann das Wild schnell in den nahe gelegenen Einstand oder die Dickung flüchten und nach Beruhigung im Anschluss wieder auf die kleinen Äsungsflächen ziehen. Ich konnte dies sehr oft zum Beispiel bei Reh- und Muffelwild beobachten. Ein weiterer positiver Aspekt, der Försterinnen und Förster, Waldbesitzerinnen und Waldbesitzer erfreut, ist, dass das Wild im Bestand nicht so viel verbeißt. Die Planung und Anlage von Äsungsflächen sowie die Wahl des Saatgutes muss immer auf die jeweiligen Klimaverhältnisse, die Bodengüte und die vorkommenden Wildarten zugeschnitten sein. Es gibt daher kein Pauschalrezept bei der Wildackergestaltung, die Art der Daueräsungsflächen wird von der jeweiligen Region mitbestimmt. Bei Wildwiesen empfiehlt sich eine Saatgutzusammenstellung, die dem Wild das ganze Jahr Äsung bietet. Eine ideale Kombination ist eine Mischung aus 45 % Gräsern, 30 % Leguminosen und 25 % Kräutern.

Der Wildacker ist dementsprechend eine intensivere Form der Äsungsflächenbewirtschaftung und kann bei entsprechend hochwertigem Saatgut und angemessener Bodengüte bei einmaliger Bestellung bis zu drei Jahre als Äsungsfläche genutzt werden. Eine Bodenanalyse (z. B. durch landwirtschaftliche Beratungsstellen) gibt Aufschluss über die geeigneten Saatgutkombinationen und die Art und Menge des einzusetzenden Düngemittels (falls erforderlich).

Ein weiterer wichtiger Aspekt bei der Wildackerplanung ist, eine Flächeneinteilung mit Anbau von Frühjahr/Sommer- und Herbst/Winter-Äsung vorzunehmen.

Beispiel und Empfehlung:

Die Waldpioniermischung setzt sich im besten Fall aus folgenden Pflanzen zusammen:

- Luzerne Beda, Schwedenklee Ermo otofte, Esparsette, Gelbklee Virgo, Rotklee Lucrum, Hornschotenklee Leo, Wiesenrispe Balin, Lieschgras Rasant, Wiesenschwingel Cosmos, Futterraps Liratop, Rotschwingel commut, Futtererbsen Golf, Winterrübsen Buko, Hafer, Phacelia Phaci, Kulturmalve Sylva, Buchweizen zur Saat, Waldstaudenroggen und Lupinen Borsaja, bitterstoffarm.

Für die Aussaat einer Wildackerfläche von 1 Hektar sind ca. 110 kg Saatgut notwendig.

Wildäcker in Feld und Wald

Die Waldpioniermischung ist die Zusammensetzung von Futterpflanzen, die vom Wild gerne angenommen werden, keine hohen Bodenqualitäten erfordern und aufgrund der Artenvielfalt auch und besonders für Insekten eine Aufwertung des Lebensraumes darstellen und in der heutigen Zeit ein wichtiges Faktum sein sollten. Denken wir nur an die vielen Steingärten, Vorgärten und Spritzmittel, die in der Landwirtschaft und (leider auch vielerorts im Privatbereich) eingesetzt werden. Auf den von mir angelegten Wildäckern konnte ich viele seltene Schmetterlinge und Insekten beobachten. Besonders erfreut hat mich der Anblick des Taubenschwänzchens, das sich gerne am Nektar der Luzerne und des Rotklees bedient. Aber auch der Aurorafalter, der Admiral, der Kaisermantel, der kleine Fuchs und viele weitere inzwischen selten gewordene Schmetterlinge und Insekten, Käfer und Spinnen haben mich Alltag und Sorgen häufig vergessen lassen.

Aber ich möchte auch nicht vergessen, wie viele mittlerweile selten gewordene heimische Vogelarten sich in diesen angelegten Wildäckern sehen lassen, weil ihre Speisekarte aufgrund des hohen Nahrungsangebotes bereichert wurde. Wir Jäger sind Naturschützer und schreiben uns dies mit Recht auf unsere Fahne, und ich persönlich wünsche mir, dass kein Weidmann das im heutigen – oft stressigen – Berufsalltag oder in der Zukunft vergessen möge! Lassen Sie mich Ihnen das Folgende mit auf den Weg geben:

Wer glücklich sein möchte, sollte sich auf Möglichkeiten und Dinge konzentrieren, die ihm wirklich wichtig sind; wenn das gelingt und wir das erleben, was uns Freude und einen Glücksmoment beschert, dann haben wir viel an Lebensqualität geschenkt bekommen!

Reviereinrichtungen in meinem Waldrevier

Im Frühling 2002 sollte ich die Möglichkeit erhalten, in einem Jagdbezirk zu jagen, der sich in unmittelbarer Nähe meines Heimatortes befand. Zu dieser Zeit hatte ich gerade mit dem Hausbau/Anbau begonnen, und ich war sehr glücklich über dieses Angebot, denn Zeit für die Jagd nach Feierabend war – Sie werden es nachvollziehen können – wegen der Bauarbeiten Mangelware geworden. Da ich mit dem Auto nur maximal 5 Minuten benötigte, um ins Jagdrevier zu gelangen, und ich dieses Revier schon von meiner Kindheit her gut kannte, sagte ich sofort zu.

Es war zwar wieder ein reines Waldrevier, aber es gab viele kleine Wildwiesen und ein paar kleinere Wildäcker mit guten Suhlmöglichkeiten für Rot- und Schwarzwild und stark belaufene Wechsel von allen dort vorkommenden Hochwildarten. Mittlerweile lag dieses Jagdrevier auch zur Hälfte in einem Naturschutzgebiet und zum größten Teil an steilen Mittelgebirgshängen, was es zu einem ruhigen und nur wenig von Spaziergängern oder Freizeitsportlern frequentierten Jagdrevier machte. Es grenzte direkt an drei Gemeindejagden, die von erfahrenen Jagdaufsehern und einem Berufsjäger intensiv betreut wurden.

Das Rotwild, starke Hirsche, Muffelwild und Schwarzwild hatten dort ihre Einstände und wechselten regelmäßig durch meinen zukünftigen Jagdbezirk, der auch von zwei Seiten an die Feldgemarkungen mit ihren landwirtschaftlich genutzten Flächen angrenzte. Bereits am Tag der ersten Besichtigung mit dem zuständigen Revierleiter, wo ich nach so vielen Jahren hier in dieser Gemarkung zum ersten Mal wieder einen Fuß vor den anderen setzte, da sahen wir bereits gleich zu Beginn eine kopfstarke Rotte Sauen, die wir bei der Grenzbegehung hoch machten. Auf den Haupt- und Fernwechseln standen frische Fährten von Rotwild und Schwarzwild, und an vielen verschiedenen Stellen hatten die Sauen frisch gebrochen.

Der Rehwildbestand, besonders an männlichem Rehwild, war außerordentlich hoch, und ich bekam auch gleich den Hinweis und Auftrag, im

Hochsitzbau in Akkord

Zuge der letzten negativen Verbissgutachten hier meinen vorgegebenen Abschussplan für das Rehwild zu erfüllen.

Mein Vorgänger hatte in den zwei Jahren zuvor in diesem Revier insgesamt (wohl aus Zeitmangel) nur vier Stück Rehwild erlegen können, dementsprechend hoch war auch mittlerweile der Rehwildbestand! Und so begann ich erst einmal mit dem Bau von entsprechenden Ansitzleitern, Erdsitzen und einer Kanzel, von der ich später meinen ersten Rothirsch erlegen würde.

Ein neuer Erdsitz, noch nicht verblendet

Ja, es war ein mühsames Unterfangen, das ganze dafür benötigte Material die steilen Hänge hinaufzutragen! Meine beiden ältesten Söhne, die damals vier und fünf Jahre jung waren, kamen immer mit, und für sie war es der schönste Abenteuerspielplatz im Wald, da sie immer wieder Neues entdeckten, und ihre Begeisterung für die Natur wuchs

Salzlecken (braune Salzlecksteine wurden am liebsten angenommen)

stetig. Sie erinnerten mich an meine eigene Kindheit, und die beiden Buben hatten genauso viel Freude und Interesse, die Natur zu erkunden und das Wild zu beobachten, wie ich in meiner Kindheit. Ja, sie waren wahrhaft stolz und glücklich, wenn wir zusammen einen Erdsitz fertig gebaut hatten und uns danach eine Brotzeit in Mutter Natur schmecken ließen. Denn meine liebe Ehefrau verstand es immer, für jeden Geschmack das richtige Vesperpäckchen zu kreieren und zusammenzustellen. So schmeckte die Brotzeit gleich noch viel besser …

Zwei Jahre später, als ich mit meinem ältesten Sohn einen neuen Salzleckstein auf eine Stocksulze aufsetzen wollte, trafen wir auf dem Weg dorthin auf ein frisch gesetztes Hirschkalb, das dazugehörige Alttier war kaum 60 Schritte von uns entfernt.

Viele wundersame und interessante Erlebnisse durften meine Kinder gemeinsam mit mir in den folgenden Jahren dort noch erleben. Jäger ist bis zum heutigen Tage keines meiner Kinder geworden – aber was nicht ist, kann vielleicht noch werden.

Sauenhütten

Anhand der folgenden Materialliste und Anleitung können Sie sehen, wie einfach es ist, eine Sauenhütte zu errichten:

Gerüst:

- 6 angespitzte Douglasien- oder Fichtenstangen (jeweils 130 cm lang, 12–15 cm Durchmesser)
- 7 Douglasien- oder Fichtenhalblinge (jeweils 180 cm lang, 10 cm Durchmesser)
- Buchenholzteer und ausreichend Drahtstifte und Schrauben/Spaxe (10–15 cm lang)
- großer Vorschlaghammer
- Klammertacker

Einstreu und Isolation:

- 8–10 kleine Strohballen
- stärkere Abdeckplane (250 cm x 250 cm), wasserdicht, geruchsneutral!
- Stroh, Heu, trockenes Laub und Farn
- Losung von weiblichen Sauen, Blaseninhalt weiblicher Stücke oder von Keilern

Tarnung:

- Äste von Fichte, Douglasie und Laubholz, Zweige und Laub

Anleitung:

- Zuerst müssen die Douglasien- oder Fichtenstangen mit Buchenholzteer gut eingestrichen werden, das verlängert die Haltbarkeit und hat zusätzliches Anlockpotenzial.
- Die angespitzten Pfähle werden in einem Rechteck in den Waldboden geschlagen: an der Längsseite drei und an der Breitseite zwei Pfähle. Die eingeschlagenen Holzpfähle ragen nun 80 cm aus dem Waldboden hervor.
- An der Längsseite werden jeweils zwei Halblinge mit Schrauben befestigt. Die gegenüberliegenden Pfähle der Breitseite werden von oben mit Halblingen verbunden, genagelt oder verschraubt.
- Der Innenraum des nun fertigen Holzgerüstes wird nun mit einem Gemisch aus viel Stroh, Heu, Farn und trockenem Laub bis zu knapp zwei Drittel ausgefüllt.
- Damit der künstlich angelegte Kessel schneller und vertrauter angenommen wird, verteile ich den Blaseninhalt einer Überläuferbache/Frischlingsbache oder eines rauschigen Keilers.

Ein Jagdfreund von mir hatte damals eine Bache, die er zuvor als Frischling aufgezogen hatte und auch behielt. Seine bereits ausgewachsene Bache setzte er nunmehr für die Fährtenarbeit bezüglich der Ausbildung von Schweißhunden mit großem Erfolg ein, und so lernte ich ihn und auch seine Wildsau Uschi kennen. Als ich ihn das erste Mal mit meiner Bayrischen Gebirgsschweißhündin Delia zur Übungseinheit und Ausbildung für die Suche auf der Kaltfährte besuchte, da kam mir damals schon ein bestimmter Gedanke, was die Lockjagd auf Schwarzwild betrifft. Als wir uns im Laufe der nächsten Schweißhund-Ausbildungseinheiten regelmäßig sahen und wir mittlerweile auch ein freundschaftliches Verhältnis zueinander pflegten, da verriet er mir, dass seine Bache einmal und manches Mal sogar zweimal im Jahr rauschig wurde und das Stroh, in das seine Wildsau nässte, ein anderer Jagdfreund für die Keilerjagd nutzte. Ob es erfolgreich war, darüber fiel kein Wort! Und so kam mir der Gedanke, ihn anzurufen und um die nächste Stroheinstreu zu bitten, wenn seine Bache wieder einmal rauschig wäre. Und tatsächlich erhielt ich eine große Ladung Stroh inklusive ihres reizenden Parfüms, das ich umgehend in meine fünf gebauten Sauenhütten mit untermischte.

- Die Zwischenräume der Bodenpfosten werden mit den Stroh- oder Heuballen dicht verschlossen.
- Die Abdeckplane wird als wasserdichtes Dach verwendet und dazu über das Gerüst gelegt und an den Seitenpfählen festgetackert, sodass kein Regen und Schnee nach innen gelangen kann.

- Das Eingangsloch darf einen Durchmesser von 30–40 cm nicht übersteigen, da der künstliche Kessel sonst zu viel Lichteinfall bekommt.
- Nachdem der Aufbau, die Isolierung und das Einstreuen abgeschlossen sind, müssen nun die gesamte Sauenhütte und der künstliche Kessel mit Ästen, Zweigen und Laub so getarnt werden, dass sie sich von ihrer Umgebung nicht abheben. Je dichter und unauffälliger, desto besser. Hierfür ist Tarngeschick von Vorteil. Eine gute Tarnung erregt auch verständlicherweise weniger Aufmerksamkeit, wenn sich einmal ein Wanderer oder Pilzsammler dorthin verirren sollte!

Die erste fertige Sauenhütte

Ein weiterer wichtiger Aspekt ist, dass in der Nähe der Sauenhütten Ruhe herrscht und diese nicht regelmäßig kontrolliert werden, anderenfalls verlieren sie durch das Hinterlassen der menschlichen Witterung sehr schnell ihre Wirkung. Dafür eignet sich dann der Ansitz in entsprechend weiterer Entfernung unter der Berücksichtigung des Windes und wenn im Winter die Schneedecke die Wildbewegung und Fährtenbilder anzeigt.

Auswirkungen der Revierverbesserungen

Keine vier Monate später waren drei von fünf Sauenhütten angenommen. Was für ein Ergebnis! Innerhalb eines Jahres hatten wir nunmehr das

Abfährtestellen am Fernwechsel und Kirrung vom Schwarzwild mit angelegten Buchenholzteer-Schubberbäumen

Schwarzwild als Standwild. Die Wechsel waren wesentlich stärker belaufen, die Ablenkfütterungen wurden regelmäßig angenommen, Suhlen, mit Buchenholzteer bestrichene Schubberbäume, Salzlecken und Wildäcker wurden kontinuierlich das ganze Jahr über angenommen. An den Suhlen und den bekannten Fern- und Hauptwechseln und um die Malbäume herum, wo ich fast täglich die Erde um die Malbäume immer wieder glattzog, da konnte ich jetzt auch verstärkt verschiedene starke Trittsiegel von Keilern fährten. Hier wollte ich ein genaueres Bild der verschiedenen dort vorgefundenen Keilerfährten haben und mischte noch etwas feinen Sand unter die dort vorhandene Walderde, was daraufhin ein wesentlich genaueres Fährtenbild ergab. Ab diesen Moment fing ich an, jede stärkere Fährte, die auf einen Keiler schließen ließ, mit meinem Maßband zu vermessen und in mein Jagdreviertagebuch einzutragen. Des Weiteren waren jetzt auch mehrere kleine Rotten in unserem Revier unterwegs, die mindestens zwei Sauenhütten als Tageseinstand nutzten. Es war für uns regelrecht beeindruckend, wie wir nunmehr immer mehr aufschlussreiche Informationen über die Schwarzwild- und vor allem die Keilerbewegungen im Revier eruieren konnten. Es war eine spannende und lehrreiche Zeit.

Jagdstrategien im Keilerrevier

Man kann sicherlich über die Nachtjagd streiten und vor allem bei Vollmondphasen ein Befürworter oder Gegner sein, aber man muss sich auch im Klaren sein, dass das häufige Erlegen von Schwarzwild zur Nachtzeit in keinem Verhältnis zur Störung des übrigen Wildes durch An- und Weggehen und durch den Schuss besteht. Man sollte meinen, dass tagsüber schon genug Unruhe im Wald vorhanden ist und dass Verbiss- und Schälschäden durch zusätzlichen Jagddruck nachts unnötig provoziert werden.

Oft kommt es vor, dass mehrere Jäger gleichzeitig im Revier anwesend sind und durch Unkenntnis der tagspezifischen Verhältnisse die Jagd im negativen Sinne betreiben. Dieser Jagddruck schadet dann weit mehr, als viele Waldbesucher Schaden verursachen können.

Des Weiteren kommt der mittlerweile intensive Einsatz von erlaubter Nachtsichttechnik zum Tragen, wenn diese Technik nicht dosiert und angepasst eingesetzt wird.

Als weitere Konsequenz daraus ergibt sich, dass Waldbauern und Förster einen höheren Abschussplan für Rot- und Rehwild fordern! Daran sollten wir denken, bevor wir morgens oder abends den ersten jagdlichen Schritt ins Revier tun.

Bei uns im Keilerrevier wurden Sauen generell im Wald nicht bejagt, und auch die Nachtjagd war weitestgehend ein Tabu. Lediglich im Feld, wenn die Sauen einmal in die Wiesen zogen und das Gras umgebrochen hatten oder an den Feldfrüchten zu Schaden gingen, bekamen sie den Dunst aus der Büchse zu spüren. Ansonsten war Ruhe angesagt, was sich sehr schnell spürbar zeigte: Auch in unserem eher kleinen Revier von 400–500 Hektar war es möglich, dass die Sauen bei Ruhe und sehr geringem Jagddruck schon früh aus ihrem Einstand zogen und uns bei gutem Licht in Anblick kamen. An den Ablenkfütterungen bzw. Kirrungen wurden keine Sauen erlegt, außer ein reifer Keiler, wenn er sein Zielalter von mindestens fünf bis sechs Jahren erreicht hatte. Wir erleben es auch heute noch, dass die Leitbachen und anderen führenden Bachen an den Kirrungen ihre Frischlinge säugen, und das in aller Ruhe, weil sie sich an diesen Plätzen sicher fühlen und keine negativen Erfahrungen gemacht haben.

Die Frischlinge werden dann auch später im Laufe des Wachstums diese Kirrplätze und Ablenkfütterungen als Überläufer, führende Bachen oder Keiler immer wieder aufsuchen, da sie definitiv aus Beobachtungen und Erfahrungswerten gelernt haben, dass ihnen dort keine Gefahr droht.

Die Wildkamera zeigt, wie Bachen ihre Frischlinge säugen und bei bestem Licht die Kirrplätze/Ablenkfütterungen aufsuchen. Im Hintergrund ist ein starker Keiler zu sehen!

Die Kirrtrommeln und Wühläcker beschäftigen die Sauen lange und veranlassen sie weitestgehend im Wald zu verbleiben und dort nach weiterem Fraß zu suchen. Die Sauen wurden im Wald nur im Herbst und Winter auf ein bis zwei Bewegungsjagden bejagt, und hier war das Ziel, nur Frischlinge (braune Stücke) und wirklich reife Keiler zu erlegen. Später wurde auch der alte Keiler vom Einzelansitz bejagt, ansonsten war Ruhe oberstes Gebot. Jeder Schwarzwildhegegemeinschaft und jedem Jäger muss klar sein, dass, wenn jeder einzelne Überläuferkeiler, jeder dreijährige und vierjährige Keiler beim ersten Anblick erlegt wird, jede weitere Chance für die Erlegung eines reifen Keilers minimiert wird. Auch hier sollten wir

Jäger ein weiteres Mal alle gemeinsam an ein und derselben Bejagungsstrategie, was die Schwarzwildbejagung betrifft, festhalten. Missgunst und Jagdneid sollten keinen Platz haben. Alte Keiler sind für die Sozialstruktur genauso wichtig wie eine alte und erfahrene Leitbache, dies bestätigten schon Heinz Meynhardt, Prof. Paul Müller und Norbert Happ sowie viele weitere Schwarzwildexperten in ihren Studien, und das sollten wir Weidmänner alle gleichermaßen beherzigen und praktizieren.

Damit die Spaziergänger, Fahrradfahrer und Pferdefreunde auf den dafür vorgesehenen und ausgewiesenen Wegen blieben, errichtete ich auch in diesem Revier nicht abschließbare Holzschranken, um weitere Ruhe inmitten des Reviers und in der Nähe der Einstände des Wildes zu bringen.

Holzschranken zur Wegelenkung

Hegemaßnahmen für Rehwild

Wir hatten innerhalb von eineinhalb Jahren unser zuvor angestrebtes Ziel erreicht, denn jetzt war das Schwarzwild Standwild, ohne dass wir weitere und vor allem größere Feld- und Wiesenschäden verbuchen mussten. Ich möchte aber auch nicht versäumen zu erwähnen, dass nicht nur für das Schwarzwild Hegemaßnahmen ergriffen wurden, sondern auch für Hase, Rebhuhn und das Rehwild.

Daher möchte ich unter anderem von dem vorbildlichen Miteinander mit den Landwirten berichten und anhand des folgenden Kapitels zeigen, wie gut und erfolgreich Jägerschaft und Landwirtschaft im Sinne des Wildes und des Tierschutzes zusammenwirken können.

Durch die enge Zusammenarbeit mit den Landwirten, meinen Helfern und meiner BGS Hündin konnten wir in den ersten beiden Jahren in unserem Revier 22 Kitze und sieben Junghasen retten. Es war keine Seltenheit, dass wir in einer Wiese von ca. einem Hektar sechs Kitze gefunden haben. Leider wurden einige Rebhuhngelege, die wir nicht gefunden hatten, ausgemäht.

Kitzrettung vor der Mahd

Zu diesem Zeitpunkt gab es noch keine Drohnen mit einer Wärmebildkamera, und so suchte ich jedes Jahr zur Mahdzeit mit meiner Bayrischen Gebirgsschweißhündin Delia nach den Kitzen. Ich hatte sie nicht nur für die Nachsuche auf krankes Wild ausgebildet, sondern auch speziell zur Suche nach gesetzten Kitzen in den Wiesen. Bei der Ausbildung zur Kitzsuche ging ich nach der Schweißprüfung wie folgt vor. Nachdem Delia und ich nach ein paar Jahren zu einem erfolgreichen Gespann bezüglich der Nachsuchenarbeit zusammengewachsen waren und Delia immer ruhiger und bedächtiger geworden war, da begann ich mit der Ausbildung, Kitze zu verweisen. Zweimal gelang es mir, dass ich Ricken beim Setzen vom Ansitz und von dem Revierfahrzeug aus beobachten konnte, und somit begann ich mit der Einarbeitung. Ich führte Delia unter Wind zu der Setzstelle und legte den Hund direkt vor dem Kitz ab. Bereits beim vierten Anlauf machte das Delia von ganz allein. Gesucht wurde am acht Meter langen Riemen, dies war aber ein anderer Riemen als der Schweißriemen zur Nachsuche, um den Hund nicht zu verwirren. An ihrem Verhalten konnte ich erkennen, dass sie dies ganz klar und deutlich zu verstehen schien. Wenn sie ein Kitz gewittert hatte, dann erstarrte sie in der Bewegung, ähnlich einem Vorstehhund, nur dass sie ihren Vorderlauf nicht hob.

Die Suche nach Kitzen mit einem Jagdhund erfolgt immer gegen den Wind, da die Witterung des Jungwildes sehr gering ist. Dabei streift der Riemen über die Grashalme und scheucht so die Ricke auf, die bei besonders hochstehendem Gras oftmals noch ganz in der Nähe der Kitze liegt.

Ich nehme immer mindestens drei zusätzliche Personen mit zur Suche, früher meine eigenen Kinder und deren Freunde, jetzt Naturschützer des NABU oder Ortsansässige. Das ist auch gute Öffentlichkeitsarbeit, um zu zeigen, wie wichtig uns Jägern das Wild ist und dass uns der Naturschutz am Herzen liegt. Die gefundenen Kitze werden dann vorsichtig aufgenom-

Zwillingskitze, von Delia gefunden und angezeigt. Die Kinder hatten stets große Freude bei der Rehkitzrettung

men und in einen sicheren Bereich getragen, meist in den Wald. Beim Abspringen der Ricke merke ich mir die Richtung und trage das Kitz dorthin.

Bisher habe ich noch nie erlebt, dass eine Ricke das Kitz nicht direkt wieder angenommen hätte. Die gefundenen Kitze erhalten eine Ohrmarke, für jedes Jahr eine andere Farbe. So erkenne ich das Alter der von mir markierten Rehe, was interessant bezüglich der Gehörnentwicklung der Böcke ist; so werden auch Abwanderungen und Besetzungen von neuen Territorien erkennbar. Außerdem dokumentiere ich den Gesundheitszustand und das Geschlecht. So ist es möglich, den Rehbestand im eigenen Revier etwas zu erforschen. Meinen Beobachtungen zufolge bleiben nur ca. 40–50 Prozent der markierten Rehe in unserem Revier; und leider bekommen wir kaum Rückmeldungen von den Nachbarrevieren, ob sie die markierten Rehe in Anblick bekommen oder erlegen.

Für mich selber sind die markierten Rehe tabu, denn ich kann die Rehe, die ich mit meinem Team einst vor dem sicheren Mähtod bewahrt habe, einfach nicht erlegen. Zu diesen Stücken habe ich eine emotionale Verbindung, aber mein Jagdherr oder Jagdgäste dürfen sie erlegen, auch wenn es mir schwerfällt!

Noch ein paar eigene Erfahrungswerte: Der Waldrand und Hecken geben den Ricken die notwendige Sicherheit, und in deren Nähe setzten die Ricken ihre Kitze. Meist setzt die Ricke nur 10–20 Meter vom Heckenrand in der Wiese, daher ist es wichtig, auch den Wiesenrand abzusuchen. Nach meinen Erfahrungen setzen ältere Ricken über Jahre hintereinander ihr Kitz an derselben Stelle wie die Jahre zuvor. Zwillingskitze liegen zu 80 Prozent nur in einem Abstand von 1–5 Metern auseinander. Erfahrenen älteren Ricken machen Störungen in der Nähe von Wohnhäusern, stärker befahrene Feldwege, der Fußballplatz und Feiern an der Grillhütte nichts aus und sie setzen auch in deren Nähe ihre Kitze in den angrenzenden hohen Wiesen. Die Ricke hält sich fast immer in einem Radius von höchstens 100 Metern um die Kitze auf, damit sie bei Gefahr, z. B. von einem Beutegreifer wie dem Fuchs, schnell zur Stelle ist.

Ganz wichtig: Frühestens 6 Stunden vor Mahdbeginn sollte die Kitzsuche erst beginnen, anderenfalls ist das Risiko hoch, dass die Ricke ihr Kitz wieder in die Wiese zurückführt. Das funktioniert aber nur, wenn, wie in unserem Fall, alle Parteien sehr eng zusammenarbeiten!

Jagderlebnisse im ersten Pirschbezirk

Wie schon erwähnt, lag mein erster Pirschbezirk im hessischen Burgwald, 19 km von meinem Heimatort entfernt. Bald nach der Einweisung durch den Revierleiter begann ich, die Wildäsungsflächen zu bearbeiten. Es war noch zeitig im Frühjahr, und nachdem ich gedüngt und eingesät hatte, machte ich mich auf den Weg, das Revier zu Fuß mit meinem damaligen Rauhaardackel-Rüden Sam genauer zu erkunden. Eine große Hilfe hierbei waren (und sind) oft die jeweiligen Waldarbeiter des zuständigen Forstamtes. Aufgrund der ihnen zugeteilten forstwirtschaftlichen Arbeiten und ihren damit verbundenen ständigen Aufenthalt im Wald kennen sie das Verhalten und so manchen Aufenthalt eines alten Bockes, Hirsches oder Keilers. Denn das Wild sieht die Waldarbeiter schon nach kurzer Zeit nicht mehr als Feind oder Bedrohung an.

Dies konnte ich im Laufe der letzten – fast drei! – Jahrzehnte vom Ansitz aus oft genug beobachten, und Ähnliches wurde mir auch von erfahrenen Jägern und Förstern gleichermaßen berichtet. Reh- und Rotwild ästen oder zogen trotz der Anwesenheit der Waldarbeiter in entsprechender Fluchtdistanz seelenruhig auf den ihnen vertrauten Wechseln in einen anderen Bereich ihres gewohnten Einstandes.

Gleiches gilt aber auch für das Brennholzmachen von Privatpersonen, die für den kommenden Winter ihren Brennholzvorrat aufbessern müssen: Ich habe einige Jagdkollegen getroffen, die emotional aufgebracht waren, wenn in ihren Jagdrevieren Baumfällungen vorgenommen bzw. Brennholz geschlagen wurde. Ihre Begründung war stets, das Wild leide unter dem Ansturm der Freizeitsuchenden und Freizeitsportler und deren Lärm schon genug. Und dann kämen noch die Arbeiten für die Holz- bzw. Brennholzgewinnung zusätzlich hinzu. Ich persönlich kann darin allerdings kein Problem sehen. Forstarbeiten, Brennholzgewinnung und das Wild im Forst gehören seit jeher zusammen, und ich denke, dass so manches Mal ein Gespräch auf Augenhöhe mit den jeweiligen Personen Gold wert ist, wenn ein Weidmann Bedenken hat, dass die Waldarbeit die bevorstehende Jagd auf einen Hirsch, Bock oder Keiler negativ beeinflussen könnte.

Die Rumänen-Bande

Nachdem ich also hilfreiche Informationen über mein neues Jagdrevier erhalten und mir einen genauen Überblick verschafft hatte, begann ich mit den ersten Vorbereitungen für die Ansitzjagd.

Besonders interessant waren zwei Kanzeln, die in meinem Pirschbezirk standen und mich auf jagdlichen Erfolg hoffen ließen. Die eine Kanzel stand verdeckt und geschützt im Fichtenaltholz an einer kleinen Wildwiese mit umliegenden Fichtendickungen und Naturverjüngungsflächen sowie größeren Brombeer-, Himbeer- und Ginsterflächen.

Die zweite Kanzel stand auf einer Anhöhe direkt über einer großen Dickung, aus der ein Hauptwechsel zum Feld führte. Gut einsehbar war auch die vom Schwarzwild gut angenommene Suhle, in deren unmittelbarer Nähe sich das bereits erwähnte Gewaltverbrechen ereignet hatte. Dieses kam mir immer wieder in den Sinn, wenn ich dort vorbeifuhr, aber jetzt versuchte ich mich auf die Bejagung an dieser vielversprechenden Stelle zu konzentrieren. Ich gab ihr den Namen Panoramakanzel, denn man konnte von dieser Kanzel weit blicken und die umliegende Fauna und Flora war einfach malerisch und musste jeden Betrachter in andächtige Stimmung versetzen.

Ein Pirschpfad wurde angelegt, der es mir ermöglichte, vom Hauptweg aus durch den davorstehenden Buchenaltholzbestand – mit mächtigen Buchenstämmen und natürlichem Jungwuchs – völlig lautlos und gedeckt auf die Kanzel aufzubaumen.

Dort, so mein Plan, wollte ich am 20. Juni 1998 meinen ersten Ansitz abhalten.

Auf dem Hauptwechsel standen frische und starke Fährten von Schwarz- und Rotwild, die Suhle war intensiv und sehr gut angenommen, man konnte deutlich die Abdrücke von den Körpern der Sauen und des Rotwildes erkennen, und auch um die Salzlecke standen überall frische Fährten. Direkt vor der nächsten Dickung waren einige Adlerfarnhorste, an deren Rändern das Schwarzwild frisch gebrochen hatte, und es roch entsprechend modrig und nach Pilzen. Der Wind kam aus südwestlicher Richtung, wo sich die Flächen von Brombeeren, Himbeeren und Ginster befanden. Solche gab es zur Genüge in meinem kleinen Jagdbezirk, und meine feine Nase hatte „Maggi-Geruch" wahrgenommen, was mich auf Sauen ganz in der Nähe schließen ließ.

Hier in der Senke war es sehr ruhig, und von der nächsten Bundesstraße oder dem nächsten befahrenen Feldweg war kaum etwas zu hören, nur ab und zu bemerkte man – wenn der Wind mal auf Ost drehte – Hundegebell aus dem angrenzenden Dorf. Dieses Fleckchen Erde war eine wahre Oase der Ruhe und Stille, wie ich es später nur noch ganz selten und nur in wenigen Revieren erleben konnte. Ja, so ein Staatswald hat durchaus seine Vorteile!

Voller Spannung und Vorfreude auf meinen ersten Ansitz verstaute ich meinen Proviant (bestehend aus einer dicken Scheibe Bauernbrot, wie immer bestrichen mit guter Butter, einem großen Stück „Ahle Wurscht“ aus eigener Hausschlachtung und einer Kanne starkem Bohnenkaffee) in meinem Jagdrucksack.

Liebe Leserschaft, vielleicht kennen Sie das, vielleicht aber auch nicht: Wenn ich auf dem Ansitz ankomme, die Entschleunigung erste Wirkung zeigt und ich mich eins mit der Natur fühle, neige ich dazu, einzuschlafen! Prophylaktisch bedarf es zwischendurch also immer mal wieder eines Schluckes Kaffee.

Ungefähr 18:30 Uhr war es, als ich an meiner Kanzel ankam, und im Vorbeifahren konnte ich sehen, dass im Feld schon das Rehwild stand, welches sich mit dem dort üppig blühenden Rotklee den Pansen füllte. Dort standen zwei Ricken, die jeweils zwei gesunde und schon gut entwickelte Kitze führten. Ich empfand das wie immer als einen sehr friedlichen und wunderschönen Anblick. Auf der Kanzel angekommen richtete ich mich erst einmal ein und harrte der Dinge, die da kommen sollten. Es war ein schöner und warmer Sommerabend. Aus dem Hochwald hörte ich das „Prüth, prüth, prüth“ eines Schwarzspechtes.

Einige Ringeltauben überflogen die Senke und setzten ihren Flug in Richtung Feld fort, wo unter anderem auch Wintergerste stand, welche sicherlich das Anflugziel der Wildtauben war. Nachdem eine gute Stunde vergangen war und es wieder einmal Zeit für einen Schluck Bohnenkaffee war, hörte ich ca. 50 Meter entfernt einige Eichelhäher intensiv rätschen:

„Krschääääh, krschääääh!“, hallte es aus dem Baumbestand. Und es hörte gar nicht mehr auf. Dann, just im nächsten Moment, wechselte ein wahrlich starker Fuchsrüde aus der großen angrenzenden Dickung. Als ich ihn in Augenschein nehmen konnte, fielen mir die Jungkitze ein: Für so einen großen Beutegreifer sollte es nicht sonderlich schwer sein, der Ricke ein Kitz wegzuholen, um es für sich selbst zu erbeuten.

Ich erinnerte mich an das vergangene Jahr, als ich Ende Mai Zeuge wurde, wie ein Fuchs ein frisch gesetztes Kitz erbeutete. Damals befand ich mich in einem Versuchs- und Lehrrevier einer deutschen Jagdzeitung.

Dort saß ich an einem Abend auf einer Kanzel an, und nachdem ich eine gute Stunde lang einige wechselnde Schalenwildarten hatte beobachten können, wurde ich von einem auf den nächsten Moment durch einen markerschütternden Klageschrei aus der Ruhephase und Entschleunigung in die Realität zurückgeholt! Auf der von mir drei Tage zuvor zurückgeschnittenen Verjüngungsfläche für eine zukünftige Jagdschneise flüchtete ein Fuchs mit einem Kitz in seinem Fang über die etwa sieben Meter breite Jagdschneise.

Ungefähr in der Mitte jener Schneise verlor der Fuchs das gerade erbeutete Kitz aus seinem Fang, und fast im selben Moment schoss die dazugehörige Muttergeiß buchstäblich aus der nahe gelegenen Dickung und stieß dem Fuchs ihre Läufe in den Körper.

An diesem Abend hatte ich meinen Suhler Drilling im Kugelkaliber 7 x 65 und im Schrotkaliber 16/70 mit auf dem Ansitz.

Nachdem sich der Fuchs den trefflichen Schlägen der Läufe entziehen konnte und in seiner Flucht ungefähr 15 Meter von der Geiß entfernt seinen Vorsprung ausbauen konnte, da erreichte ihn meine Schrotgarbe und ließ ihn seine Seher für immer schließen. Die Geiß nahm den Schrotschuss nur für einen kurzen Moment erschrocken wahr und wandte sich aber dann sofort wieder ihrem Kitz zu.

Das Kitz war leider nicht mehr am Leben, und es war nicht leicht mit anzusehen, wie die Geiß versuchte, das Kitz mit ihrem Windfang anstupsend zum Aufstehen zu bewegen. Nach einer guten halben Stunde entschloss ich mich, der Geiß entgegenzutreten und ihr klar zu veranschaulichen, dass sie ihr Kitz verloren hatte. Ein solches Naturschauspiel ist ernüchternd, es stimmt einen traurig, und dennoch ist und bleibt es Lauf des Lebens, Lauf der Natur.

Dieses Erlebnis also kam mir beim Anblick des Fuchses während meines ersten Ansitzes auf der Panoramakanzel in den Sinn. Nun aber zurück zur eigentlichen Erzählung, die damit weitergeht, dass ich fest entschlossen war, Meister Reineke zur Strecke zu bringen! Zur damaligen Zeit durfte man ihn im Forst noch erlegen.

Ich führte damals eine Krieghoff-Büchse im Kaliber 6,5 x 57. Ich wusste, es musste schnell gehen, da der Fuchs augenscheinlich unruhig wurde und in die Dickung zurückblickte, aus der er gezogen war. Als ich den Fuchsrüden im Absehen meines Zielfernrohres hatte und der Zielstachel im Leben stand, drückte ich den Abzug der Repetierbüchse. Klack!!

Der Schuss wurde nicht ausgelöst – natürlich hatte der Fuchsrüde das Klacken des Schlosses sofort vernommen und flüchtete danach so schnell er konnte über die nächste Anhöhe.

„So ein M…“, sprach ich leise vor mich hin und ärgerte mich, dass der Schlagbolzen, wie ich im Nachhinein festgestellt hatte, den Schuss nicht ausgelöst hatte. Aber im Verlauf der folgenden Minuten sollte es sich noch als großes Glück erweisen, dass der Schuss auf den Fuchs nicht gebrochen war.

Keine fünf Minuten nach der verpassten Chance auf den Fuchs hörte ich plötzlich einige Männerstimmen aus der Dickung neben mir. Was und wer sollte das um diese Uhrzeit sein? Ob hier irgendwelche Wanderer vielleicht wild campen wollten? Ich konnte mir im ersten Moment keinen Reim darauf machen.

Nunmehr war ich allerdings fest entschlossen, der Sache auf den Grund zu gehen. Als ich meine Siebensachen wieder im Jagdrucksack verstaut hatte, bemerkte ich, dass die Stimmen aus der Dickung näherkamen. Ich schaute erst einmal mit meinem Doppelglas in Richtung Dickung und sah auch schon ganz langsam einen Mann mit dunklen Haaren und dunklem Bart aus ihr heraustreten.

Kurz darauf in einer Entfernung von ca. 100 Metern kamen noch zwei weitere Männer aus der Dickung. Ich konnte sofort erkennen, dass einer von ihnen eine Kurzwaffe in der Hand hielt und die Umgebung sehr gezielt mit seinen Augen absuchte! Blitzartig tauchte ich bis auf den Kanzelboden ab und gab keinen Mucks mehr von mir.

Die Bretter der Kanzelbrüstung hatten teilweise einen halben bis einen Zentimeter Abstand von einem bis zum nächsten Brett und so konnte ich durch diese Schlitze die drei Männer recht gut beobachten. Mir schossen in jenem Moment unendlich viele Gedanken durch den Kopf, und ich hoffte nur noch ein eines: Dass sie mich nicht entdecken und schleunigst wieder verschwinden würden.

Mein Herz schlug mir, wie es so schön heißt, bis zum Hals. Eine Flucht wäre nicht in Frage gekommen, ich wäre beim Abbaumen von der Kanzel sofort entdeckt worden, und ein Handy hatte ich zu dieser Zeit noch nicht. Die Mobiltelefone waren damals noch so groß wie ein kleines Radio und außerdem kostspielig – das konnte ich mir als Otto Normalverbraucher nicht leisten ...

Als ich mir Gedanken darüber gemacht hatte, wer diese Männer sein könnten, fielen mir plötzlich die Nachrichten der letzten Tage ein: Die hiesige Presse hatte in den letzten zwei Wochen über Raubüberfälle auf Geldautomaten in der umliegenden Region berichtet. Die Verbrechen waren von organisierten Banden aus Rumänien begangen worden. Aufgrund des Verhaltens der drei Männer im Wald war ich mir ziemlich sicher, dass es sich hier um diese diebischen Spitzbuben handeln müsse.

Mir war klar, dass ich nur eine Chance hatte, nicht entdeckt zu werden: Ich durfte mich keinesfalls vom Fleck rühren. Und mir fiel der Spruch ein, den ein alter Förster zu sagen pflegte, wenn ein Fuchs ihn frühzeitig erspähte und sich dann verdrückte oder sein Heil in der Flucht suchte: „Lieber für einen Moment ein Feigling sein und sich verstecken, als ein Leben lang tot sein!“

Zu meinem großen Glück zogen sich die drei düsteren Gestalten nach ein paar Minuten wieder zurück und gingen in Richtung der Dickung, aus der sie gekommen waren. Einer von ihnen hatte einen weißen Kanister dabei, sicherlich hatten sie nach Wasser gesucht, aber der nächste Bachlauf war – Gott sei Lob und Dank – in entgegengesetzter Richtung ungefähr einen Kilometer entfernt.

Plötzlich war ich überglücklich, dass der Schuss auf den Fuchs nicht funktioniert hatte! Ich mochte mir gar nicht ausmalen, was vielleicht geschehen wäre, wenn der Schuss aus meiner Büchse losgegangen wäre und wie die drei Halunken dies wohl gedeutet hätten.

Ich harrte noch eine gewisse Zeit aus und baumte erst dann leise ab, als ich mich etwas sicherer fühlte. Als ich endlich an meinem Auto angekommen war, stieg ich aufgeregt ein und fuhr in entgegengesetzter Richtung auf einem anderen Waldweg schleunigst zum Forsthaus meines Revierleiters. Dort endlich angekommen berichtete ich, wohl sehr emotional, meine Beobachtungen. Mein Revierleiter setzte umgehend die Kriminalpolizei in Kenntnis.

Ich bekam die Anweisung, dass ich mich ab sofort und bis auf weiteres nicht mehr in meinem Pirschbezirk aufhalten durfte. Und jagen natürlich auch nicht. Das, liebe Leserschaft, wäre wohl auch das Letzte gewesen, was mir in den Sinn gekommen wäre.

Die zuständige Kripo und das Forstamt hatten an diesem Abend noch das weitere Vorgehen besprochen. Am nächsten Morgen bei Sonnenaufgang sollte der Zugriff – natürlich mit dem Ziel, die Räuber in Gewahrsam zu nehmen – stattfinden; denn an diesem Abend war die Dämmerung schon zu weit fortgeschritten, und es war wenig erfolgversprechend, bei Finsternis auf „Diebesjagd" zu gehen.

Jedoch konnte das SEK am nächsten Morgen nur noch Reifenspuren und ein paar wenige Reste wie Müll und einen kleinen aufgebrochenen Tresor sicherstellen. Der Einsatzleiter hatte meinem Revierleiter gegenüber später geäußert, die Bande hätte mich vielleicht doch bemerkt, als ich mit meinem PKW das Revier zügig verlassen hatte. Daraufhin hätten die Rumänen vermutlich sehr schnell ihr Versteck aufgegeben und das Weite gesucht. Die Kriminalpolizei war sich übrigens sicher, dass es sich um genau die Männer handelte, die seit Wochen in unserer Region ihr Unwesen getrieben hatten und ihre kriminellen Machenschaften auch weiterhin fortsetzen würden.

Nach diesem Zwischenfall beschloss ich, erst einmal für ein paar Wochen zu pausieren. Der Ort schien mir nicht geheuer: Vor ein paar Jahren das Gewaltverbrechen an der jungen Frau und nun bewaffnete Tresorräuber, die dort kurzzeitig ihr Versteck eingerichtet hatten. Ich genehmigte mir nach diesen Vorkommnissen eine Jagdpause, die mir auch von Seiten meines Revierleiters empfohlen wurde – nicht zuletzt aus Sicherheitsgründen.

Nach dieser Pause und nachdem ich wieder grünes Licht zum Jagen in meinem Pirschbezirk erhalten hatte, beschloss ich, mir die Dickung, die den Räubern scheinbar sehr zugesagt hatte, einmal genauer anzusehen. Meine bisherige Repetierbüchse musste ich durch eine neue und vor allem funktionierende Jagdwaffe ersetzen, das war mir klar. Die alte hatte sich als unzuverlässig erwiesen, und ich wollte nicht mit ihr in diese unheilvolle Gegend ziehen. Ich entschied mich für eine Brünner Drückjagdbüchse im Kaliber 30/06 mit kurzem Lauf, die sehr führig und leicht war.

Der Basse vom Burgwald

Die Erlegung meines ersten Keilers war ein Erlebnis, an das ich mich für immer erinnern werde. Für mich war es ein Schlüsselerlebnis und definitiv prägend, vielleicht sogar unvergleichlich! Mit meinem Jagdhund Sam an der Seite (der übrigens mehr als geeignet und brauchbar war) wurde meine Passion für die Jagd auf Schwarzwild geweckt.

Es war an einem Nachmittag gegen 16:00 Uhr, als ich mich auf den Weg in Richtung der Dickung machte, wo ich vor einigen Wochen die drei Männer erblickt hatte.

Der Weg dorthin gestaltete sich diesmal zauberhaft: Ich war vom Anblick der fliegenden Libellen regelrecht fasziniert. Diese Akrobaten der Lüfte führten hier wahre Kunststücke vor. Königslibellen, die blau-grüne Mosaikjungfer und auch einige Smaragdlibellen schimmerten und glitzerten in der Sonne so farbenprächtig wie Diamanten. Libellen sind aufgrund ihrer beiden Flügelpaare, die unabhängig voneinander bewegt werden können, in der Lage, abrupt in der Luft zu stoppen und stehenzubleiben, rückwärts zu fliegen oder in der Luft stehend einen Looping zu vollführen.

Aber genug gestaunt: Obwohl dieses Schauspiel mich auch damals voll und ganz in seinen Bann zog, musste ich weiter: Ich lud die Repetierbüchse und pirschte nun leise in Richtung der Fichtendickung. Als ich fünf Meter weit durch die ca. 18 Meter breite Adlerfarnfläche pirschte, die vor der Dickung lag, sah ich plötzlich in ungefähr zehn Meter entfernt eine starke Sau vor mir. Ich konnte ihre Waffen sehr genau erkennen und ordnete sie in die Kategorie „jagdbarer Keiler“ ein. Der Keiler seinerseits hatte mich noch nicht wahrgenommen, war sicherlich ebenso überrascht und erschrocken wie ich und wunderte sich über die plötzliche Ruhestörung in seinem Kessel.

Ich erinnere mich noch sehr gut daran, wie warm und fast windstill es an diesem Tag in der Senke war – der Keiler hatte den Adlerfarn mit seinen morastigen Stellen sicherlich wegen des heißen Wetters aufgesucht, um sich Kühlung und Wohlbehagen zu verschaffen.

Anfangs stand der Keiler leicht schräg von mir weg, und ich wollte keine Kugel antragen, aber dann drehte er sich um, um sich Wind zu holen:

Nun stand er mit seiner linken Seite da und war völlig ungedeckt. Zum Glück hatte ich mein Zielfernrohr vorher von der Büchse abgenommen, da ich ja in eine Dickung gehen wollte und ein Zielfernrohr mir dabei nur hinderlich sein würde. Längst hatte ich das Blatt des Keilers über Kimme und Korn sicher im Visier und ließ fliegen!

Der Keiler zeichnete keineswegs. Wie ein Panzer durchbrach er mit seiner urtümlichen Kraft die angrenzende Dickung, die er auf seiner Fluchtfährte angenommen hatte, dann vernahm ich lautes Ästeknacken und meinte, das Schlegeln der Läufe zu hören. Und spätestens zu diesem Zeitpunkt ergriff mich das Jagdfieber so sehr, dass ich mich erst einmal hinsetzen musste.

Alles war so schnell gegangen und ich war mir noch gar nicht recht im Klaren darüber, was gerade geschehen war, aber langsam, ganz langsam dämmerte es mir: Ich hatte soeben wohl meinen ersten Keiler erlegt. Ich ließ das soeben stattgefundene Szenario noch mindestens zweimal vor meinem geistigen Auge Revue passieren, ehe ich aufstand und bis zum Anschuss ging.

Sofort konnte ich dort Lungenschweiß finden und beschloss, trotz dieses verheißungsvollen Anschussbildes noch gute 15 Minuten zu warten. Schließlich hatte ich schon oft gehört und auch gelesen, wie gefährlich es sein kann, einem kranken Keiler zu folgen, wenn man nicht zu 100 Prozent sicher ist, dass es eine Totsuche ist. Ich hatte eine ziemlich genaue Vorstellung davon, wo ich den Keiler finden würde, und nach rund fünfzehn Minuten ging ich – in gebückter Haltung und mit geladener und entsicherter Repetierbüchse – der Schweiß- und Fluchtfährte nach. Der viele Schweiß auf den Farnblättern ließ mich ruhiger werden und gab mir Gewissheit, dass der Keiler sicherlich inzwischen verendet war.

Als ich endlich am Dickungsrand ankam, sah ich durch die Fichten, die an dieser Stelle eine kleine Lücke aufwiesen, den Keiler verendet auf der Seite liegen.

Liebe Leserinnen und Leser, was für ein unbeschreibliches Gefühl! Mein erster Keiler, ich konnte mein Glück kaum fassen! Ich hatte, wie Sie sich vorstellen können, große Mühe, diesen schweren Bassen allein aus der Dickung und durch die morastige Fläche zu ziehen, aber schließlich gelang es mir doch. Allerdings nur mit größter Anstrengung.

Bevor ich mit der roten Arbeit begann, saß ich noch eine lange Zeit vor meinem erlegten Keiler und schaute ihn mir sehr genau an. Ein demütiges Gefühl stieg in mir bei diesem Anblick auf und ich glaube, was man an einem erlegten Stück Wild an Emotionen erlebt, kann nur ein Jäger verstehen: Das Paradoxon, warum man das Wild, das man so sehr mag, überhaupt erlegt.

Der Basse vom Burgwald

Der Keiler bekam seinen letzten Bissen von mir, und ich blies ihm zu Ehren mit meinem Fürst-Pless-Jagdhorn das brauchtumsgerechte Jagdhornsignal „Sau tot“ und danach das „Halali“.

Weithin hallten die Töne des Jagdhorns und ließen mich danach zufrieden und überglücklich zur roten Arbeit übergehen. Nach getaner Arbeit schaffte ich es irgendwie, den aufgebrochenen Keiler in mein Jagdauto zu verfrachten; man kann sich unschwer vorstellen, wie das Heck und der Kofferraum ausgesehen haben.

Aber bei dem doch sehr warmen Wetter hätte das Wildbret verderben können, und so beschloss ich, den Keiler schnellstmöglich ins Kühlhaus zu bringen. In der Wildkammer des Forstamtes konnte ich mein erlegtes Wild dann weiter versorgen und wiegen: Der Keiler wog 98 kg (aufgebrochen) und wurde nach der Brandtschen Formel auf ca. fünf bis sechs Jahre geschätzt. Die Gewehre hatten überdies eine Länge von 20,4 cm und 19,9 cm.

Der Keiler wurde, wie nach altem Jägerbrauch üblich, mit den Jagdfreunden und Förstern „totgetrunken“, und wir verbrachten an diesem Abend viele schöne Stunden des Beisammenseins, was bis in den nächsten Morgen andauerte. Und natürlich gab es dabei Erzählungen, die sicherlich das eine oder andere Mal auch mit Jägerlatein gefüllt waren!

Die Veredelung des erlegten Wildbrets ergab köstliche Dinge: Bratwurst, Salami, Schinken und Grillspezialitäten.

Der Suhlen-Keiler – erster Anlauf

Das vierte Jagdjahr in Folge durfte ich bereits in meinem kleinen Jagdbezirk „weidwerken“, und nach der Erlegung meines ersten Keilers sollten noch viele spannende Jagdmomente und Wildbeobachtungen folgen. In diesen vier Jahren konnte ich vom Ansitz und beim Pirschen noch so manchen Schwarzkittel erbeuten, aber auch den vorgegeben Abschussplan von Rehwild stets pflichtgemäß erfüllen. Das Anlegen der zwei Wildäcker in meinem Jagdbezirk mit geeignetem Saatgut bescherte mir sehr viele Anblicke von Reh-, Rot- und Schwarzwild und auch von so manchem Waldhasen.

Eine vom Schwarzwild gern angenommene Suhle fiel mir bereits damals immer wieder auf: Nur in dieser Suhle und auf einem Wechsel Richtung Feldgemarkung stand regelmäßig das starke Trittsiegel einer Sau, die sich von den anderen Trittsiegeln erheblich unterschied und hervorhob. Das konnte gewiss nur ein Keiler sein! Ich begann, die starken Fährten des Schwarzwildes zu vermessen und alles genauestens – mit Ort und Datum versehen – in mein Jagd- und Schussbuch einzutragen. Mit einem Maßband maß ich Länge und Breite der verschiedenen Trittsiegel und konnte so feststellen, ob sich die neuen, frischen Trittsiegel einer groben Sau auf ein mir bereits bekanntes Maß bezogen, oder ob es sich um einen anderen Keiler handelte.

Seit einigen Jahren gibt es eine sogenannte Keilerschablone, aber ich ziehe jedoch ein Maßband der Genauigkeit wegen immer vor.

Auch Keiler können bei entsprechenden Revierverhältnissen und Umweltfaktoren eine gewisse Standorttreue einhalten. Nachdem ich das Revier also wieder akribisch unter die Lupe genommen hatte, die Ansitzmöglichkeiten an ihren vorgesehen Orten standen und ich meine Hegemaßnahmen zum Abschluss gebracht hatte, wollte ich auch endlich wieder jagen.

Bau und Ausbau unseres Eigenheimes gingen gut voran und der Fertigstellung entgegen, und so konnte ich mir auch wieder Zeit zum Jagen nehmen. Ich beschloss am Abend des 26. Juli, an der großen Suhle des angrenzenden Nachbarreviers mit ihren großen Einstandsflächen anzusitzen, denn hier hatte ich bei meinen letzten Revierkontrollen immer die gleiche Fährtengröße eines Keilers nach meinen Messungen bestätigen können. Der Keiler musste sich hier ungestört fühlen, sodass er diese Suhle regelmäßig aufsuchte.

Dort auf dem Hochplateau, auf dem sich auch die Suhle befand, hatte sich der von mir angelegte Wildackerstreifen prächtig entwickelt, und es stand bereits gute Äsung auf der Fläche inmitten des lichtdurchfluteten Buchenhochwalds mit seinem beeindruckenden Krautschichtteppich. Hier blühten im Frühjahr der Waldsauerklee und das Buschwindröschen und im späteren Jahresverlauf schloss sich noch das Spring-, Johannis- und Waldbingelkraut mit vielen verschiedenen Wildkräutern an. Das Wild hatte an diesem Ort seine Ruhe, und ich konnte in den folgenden Jahren das Rotwild und vor allem die Alttiere mit ihren Kälbern sehr häufig beobachten. Diesem Platz schenkte ich meine besondere Aufmerksamkeit und ging auch nur maximal drei- bis viermal im Monat zum Abfährten und zur Kontrolle dorthin.

Wir hatten an diesem Abend Westwind, und somit war der von mir errichtete Erdsitz für die Windrichtung bestens geeignet. Es war bewölkt und nieselte leicht. Mein alter Lehrprinz hatte immer gesagt, dass ein solches Wetter „Sauenwetter" sei und die Sauen dann gerne früher aus ihren Einständen wechseln würden. Sollte er damit auch heute Abend wieder einmal recht behalten?

Wie bereits erwähnt, waren viele meiner Ansitzmöglichkeiten an steilen Hängen gelegen, auch der Weg auf das Hochplateau war steil und anstrengend, da brauchte man eine gewisse Ausdauer und Kondition! Ich werde nie vergessen, wie später einmal ein Jagdfreund, der mit mir gemeinsam die Jungjägerausbildung gemeistert hatte, mit mir zum Ansitz ging. Er wollte unbedingt einmal Rotwild zu sehen bekommen. In den Revieren, in denen er vorher gejagt hatte, gab es Rehwild und Sauen als Wechselwild, aber kein Rotwild. Ich muss zugeben, was bei unserer gemeinsamen Unternehmung geschehen würde, erahnte ich insgeheim schon im Vorfeld: Mein Jagdfreund Harry war, wie man so schön sagt, kein Kostverächter, brachte sicherlich damals schon rund 140 kg Lebendgewicht auf die Waage und als sportliche Herausforderung ging er lediglich jeden Tag nach Feierabend rund 400 oder 500 Meter mit seinem Hund spazieren.

Die „Bergbesteigung" in meinem Jagdbezirk war natürlich ein völlig anderes Unterfangen, an das er ganz und gar nicht gewöhnt war! Für ihn muss es wie die Bezwingung der Eiger Nordwand gewesen sein, denn nachdem wir ca. 200 Meter auf einem wirklich makellosen Pirschpfad in Hanglage vorangeschritten waren, bekam er keine Luft mehr und ging zu Boden! Nach einer Viertelstunde erholte er sich wieder, und ich war erleichtert, dass weder Notarzt noch Sauerstoffzelt vonnöten waren ...

Als er wieder genügend Luft bekam, teilte er mir mit, dass er, wenn er in Zukunft Rotwild sehen wollte, doch lieber in den Wildpark ginge! Wir konnten an diesem Abend nur noch den Rückweg antreten, und er hat mich danach leider nie wieder begleitet.

Zurück zu besagtem Abend im Juli: Auf dem Weg zu meinem Ansitz an der großen Suhle musste ich einen Stopp einlegen und mich in Deckung bringen, denn keine 100 Meter von mir entfernt zog ein älterer Kronenzwölfer vom 9.–10. Kopf mit seinem Adjutanten, einem Eissprossenzehner vom 4. Kopf. Die beiden kamen frisch aus der Suhle gewechselt, was man trefflich an ihren Wildkörpern erkennen konnte, und die Malbäume, die ich regelmäßig mit Buchenholzteer bestreiche, hatten sie auch angenommen: Denn nicht nur das Schwarzwild mag den Geruch des Buchenholzteers, auch das Rotwild schubbert sich genüsslich an den damit bestrichenen Baumstämmen.

Der Wind stand gut, und so konnten sie mich nicht winden. Langsam, in der Manier von Feisthirschen, zogen sie ständig sichernd auf dem Hauptwechsel in Richtung Feld entlang. Dort standen unter anderem Weizen, Hafer und ein Acker mit Rotklee, an denen sich die beiden Hirsche gewiss bereichern wollten. Es war ein fantastischer Augenblick – einen solchen Anblick hätte ich Harry nach unserer „Bergbesteigung" wirklich sehr gewünscht! Nach einer guten halben Stunde, als die beiden Hirsche außer Sichtweite waren, konnte ich meinen Weg fortsetzen und langte schließlich am Erdsitz an.

Noch gut anderthalb Stunden sollte das Licht zum Ansprechen und für einen sicheren Schuss reichen, so sinnierte ich, als ich plötzlich von lautem Knacken der Äste und keuchenden Lauten aus Richtung der angrenzenden

Buchenrauschen sensibilisiert wurde. Wie aus dem Nichts sprangen dann ein Schmalreh und ein noch junges (geschätzt zweijähriges) Gabelböckchen hervor und begannen mit ihrem regen Treiben. Den beiden konnte ich nun die nächste Viertelstunde bei ihrem Brunftgeschehen zusehen, und nur allzu gerne hätte ich dieses schwach veranlagte, im Wildbret schwach stehende Böckchen erlegt, aber ich wollte dies aus Rücksicht auf die just hier weggezogenen zwei Hirsche und wegen der Chance auf vielleicht anwechselndes Schwarzwild nicht tun.

Als das Liebespaar die Fläche vor mir im Hochwald verlassen hatte, kehrte wieder Ruhe ein, und es dauerte keine fünf Minuten, bis aus der Dickung des Nachbarreviers eine Rotte Sauen direkt auf mich zuwechselte. Es war eine Überläuferbache mit ihren vier (geschätzt jeweils 12 kg schweren) Frischlingen. Sie hatten es offenbar eilig, verweilten nur kurz, taten es den beiden Hirschen gleich und zogen in Richtung Feldgemarkung. Was für ein Ansitzabend! Ich war nachdenklich geworden über mein zurückhaltendes Verhalten in puncto Beute. Aber diese Zurückhaltung sollte noch belohnt werden: Gegen 21:00 Uhr wurde ich vom Abspringen eines Hasen, der vor der Grenzdickung verweilte, aufmerksam. Urplötzlich – und an List einem Fuchs gleichkommend – lugte der Wurf einer großen Sau aus der Dickung, um sich Wind zu holen. Wenn der Hase an jener Stelle, wo nun der Keiler sein Haupt aus der Dickung hervorschob, nicht abgesprungen wäre, hätte ich den Keiler wahrscheinlich selbst noch gar nicht wahrgenommen! Gute zehn Minuten sicherte er und prüfte ständig den Wind. Da war sie wieder, meine Begeisterung für das intelligente Schwarzwild und die damit verbundene Spannung, auf diese Wildart zu jagen.

Nachdem der Keiler sich durch seine scharfen Sinne sicher war, zog er nunmehr langsam an der Dickung entlang und verhoffte alle paar Meter wieder sichernd. Als er auf die vor mir liegende Plateaufläche in Richtung Suhle kam, hatte ich längst mein Fernglas mit der Büchse wie in Zeitlupe ausgetauscht und verspürte eine Spannung in mir, die sich nicht Worte fassen lässt. In einem solchen Moment vergisst man wahrlich alles andere und ist nur noch hochkonzentriert darauf bedacht, jetzt bloß keinen Fehler zu begehen. Mir kam es auch gar nicht in den Sinn, so unmittelbar vor der Grenze zum Nachbarrevier den Keiler zu beschießen oder das Risiko einzugehen, dass der Keiler die bürstendichte Dickung in der Fluchtfährte wieder annahm.

Mein alter Lehrherr hatte mir auch hier einen weisen Ratschlag für mein zukünftiges Jägerleben mitgegeben:

„Im Zweifel nie, denn ist die Kugel aus dem Lauf,
hält kein Teufel sie mehr auf!“

Und daran habe ich mich bis zum heutigen Tage gehalten. Während ich wartete, dass der Keiler näher gezogen kam, traten der Bock, lauthals keuchend, und das Schmalreh wieder in Erscheinung. Die beiden zogen Kreis um Kreis, und mein erster Gedanke war, dass der Basse jetzt wohl sofort wieder in die sichere Dickung wechseln würde und meine Chance, ihn zu erbeuten, vertan war – aber das Erwartete tat er nicht! Er zog völlig desinteressiert und unbeeindruckt vom Brunftgeschehen der beiden Stücke Rehwild in Richtung Suhle. Mittlerweile beutelte mich das Jagdfieber so sehr, dass ich meine Repetierbüchse schon absetzen wollte, aber dann gelang es mir glücklicherweise doch noch, meine Körperspannung und Atmung in den Griff zu bekommen. Der Wind stand immer noch perfekt für mich, aber aus irgendeinem Grund verhoffte der Keiler abrupt in seinem bereits zügigen Troll. In diesem Moment sah ich, dass er auch seinen Pürzel nach oben in die Luft streckte und seinen Wurf wieder in die Höhe hob, um sich nochmals Wind zu holen.

Mittlerweile kam der Keiler bis auf 70 Meter auf mich zugewechselt und stand mit seiner rechten Seite breit genug für einen guten Schuss. Ich wusste, jetzt musste ich ihm die Kugel antragen oder die Chance, ihn zu erlegen, war aufgrund seines abrupten plötzlichen Stoppens und Verhaltens vorbei. Aber ich kam nicht mehr dazu!

Blitzartig sprang er im nächsten Moment ab und flüchtete auf seinen Wechsel zurück in Richtung der Dickung, aus der er ausgewechselt war. Einen Schuss schräg von hinten hinter das Blatt zu setzen, nein, das war mir zu heikel, und das „Im-Zweifel-nie" kam mir wieder in den Sinn. Im nächsten Moment kam – im wahrsten Sinne des Wortes – pfeilschnell ein weiterer Rehbock auf die Plateaufläche in Richtung des treibenden anderen Rehbockes geschossen. Der treibende Bock war so liebestoll auf sein Schmalreh fokussiert und abgelenkt, dass er seinen Rivalen, der anscheinend hier der Platzbock war, nicht herannahen sah. Erst im allerletzten Moment, als sein Kontrahent nur noch wenige Meter von ihm entfernt war, bemerkte er ihn. Der Platzbock, ein alter Spießer, rammte ihm seine überlauscherhohen Spieße in die Flanken, und ich hörte den Gabler umgehend laut wehklagen. Es gelang dem jüngeren, angeschlagenen Bock dann doch noch, vor seinem Angreifer zu fliehen, da er überhaupt keine Chance gegen ihn gehabt hätte. Der alte Spießer ließ ihn auf seiner Flucht jedoch nicht in Ruhe und attackierte ihn massiv weiter – so lange, bis sie aus meinem Blickfeld verschwunden waren.

Völlig überwältigt und beeindruckt von diesen Geschehnissen realisierte ich erst hinterher richtig, was ich an jenem Abend alles hatte erleben dürfen. Und ich müsste lügen, wenn ich behaupten würde, dass ich mich über die verpasste Chance, den Keiler zu erlegen, nicht schon ein wenig geärgert hätte. Ich ärgerte mich sogar mächtig! Tröstete mich dann aber mit den Worten: „So ist die Jagd!"

An diesem Abend bekam ich kein weiteres Wild mehr zu sehen und begab mich, als es dunkel geworden war, auf den Heimweg. Welch Erlebnis! Es dauerte noch eine ganze Weile, bis ich innerlich zur Ruhe kam und meine Augen zum Einschlafen schließen konnte.

Der Suhlen-Keiler – zweiter Anlauf

Drei Tage später beschloss ich dann aber, erneut an der Suhle nachzusehen, ob der Keiler womöglich in der Zwischenzeit die Suhle angenommen hatte. Und er hatte!

Vor dem Malbaum stand seine Fährte im fein gerechten Waldboden neben den Fährten des Rotwildes. Nachdem ich die Erde um den Malbaum und an dem Wechsel wieder glatt gerecht, ein paar Tropfen Maggi in die Suhle geträufelt und etwas Mais vor der Suhle eingegraben hatte, machte ich mich frohgestimmt wieder auf den Weg zu meinem PKW.

Als ich von dort aus gute 300 Meter auf dem Waldweg zurückgelegt hatte, sah ich ein Stück Rehwild, sein Haupt nach unten hängend, ungefähr 50 Meter vor mir im Hang stehen. Ich sah es mir mit meinem Doppelglas genauer an: Es war der junge Gabler, der vor drei Tagen von dem älteren Spießbock so stark attackiert worden war, da war ich mir ganz sicher! Ich konnte sehen, dass seine Decke viele Schweißstellen aufwies, und sein Windfang sah zerflattert aus. Grundsätzlich habe ich immer eine Waffe bei meiner Revierfahrt oder auch bei Revierarbeiten dabei. Somit entschloss ich mich sofort, den Bock zu erlegen, und war froh, dass ich ihm damit weiteres Leid und Schmerzen ersparen konnte. Und so bekam er meinen erlösenden Fangschuss. Als ich dann vor ihm stand, bot sich mir ein schlimmer, trauriger Anblick. Der junge Bock war übersät mit Forkelstichen, sein linkes Licht war zerstochen und eingefallen, sein Windfang durchstoßen und hing mehr oder weniger in Fransen herunter. Ich war sehr froh, diesem Elend ein Ende bereitet zu haben und brachte ihn zu meinem Luderplatz, wo ich ihn entsprechend entsorgte.

Nach diesem Vorfall beschloss ich, mich nunmehr vorrangig auf den alten Spießer zu konzentrieren, denn schließlich war es ja nun Blattzeit. Meine Chance, ihn zu erlegen, stand dank der jetzigen Rehbrunft, die voll im Gange war, zu dieser Zeit am besten.

Ich überlegte, wie ich es am geschicktesten angehen könnte, und beschloss, mich am nächsten Abend an den Rehwildwechsel der Feldkante unterhalb der großen Suhle in einem Naturschirm anzusetzen, den ich vor ein paar Wochen mit meinen Jungs aufgebaut hatte.

Die Keilersuhle

Der Mörderbock

Vor drei Tagen, als er den jungen Gabler auf der Plateaufläche vor mir das erste Mal attackiert hatte, war der Spießer aus Richtung des angrenzenden Feldes gekommen. Am zweiten Ansitzabend sprang er dann auf mein Sprengfiep zu und verhoffte ca. 40 Meter vor meinem Naturschirm – die Kugel im Kaliber 30/06 bannte ihn sofort an der Stelle und ließ ihn sogleich verenden. Dort lag ein wahrlich alter Methusalem: Dem Abschliff seiner Zähne nach zu urteilen war der Bock mindestens acht bis neun Jahre alt, vielleicht sogar älter. Dieser alte Bock hatte mit Sicherheit viel Erfahrung im Kampf mit seinen Gegnern gehabt und nur zu gut gewusst, wie er diese aus seinem eingenommenen Territorium vertreiben konnte!

Seine gefährlichen, mörderischen Spieße hatten eine Länge von 20 bzw. 21 cm!

Der Suhlenkeiler – dritter Anlauf

Es wurde Oktober, und am zweiten Wochenende des Monats fuhr ich dann gegen 17:00 Uhr in meinen Jagdbezirk, mit dem Ziel, erneut mein Glück auf den Keiler zu versuchen. Meinen PKW lasse ich immer mindestens 500 Meter weit von der geplanten Ansitzeinrichtung entfernt stehen, wenn die Örtlichkeiten es zulassen. Da es an diesem Abend ungewöhnlich warm war, gestaltete sich der steile Weg zu meinem Erdsitz besonders anstrengend. Ich machte einige Päuschen und ließ mir genügend Zeit. Als ich dann gegen ca. 17:45 Uhr an meinem Ansitz ankam, traute ich meinen Augen kaum! Am Malbaum schubberte gerade ein starkes Stück Schwarzwild seine mit frischem Suhlenschlamm bedeckte Schwarte, und als ich mir besagtes Schwarzwild mit meinem Fernglas genauer betrachtete, erkannte ich den Keiler. Mein erster Gedanke war: „Jetzt bloß keinen Fehler machen!" Der Wind passte, er kam zwar aus südwestlicher Richtung, aber da der Keiler sich am Malbaum befand, sollte er mich wohl trotzdem nicht winden können. Mir schoss in den Sinn, dass es sich immer bezahlt macht, die Pirschpfade stets gut instand zu halten. Denn so kann man ganz leise zu seinem Ansitz gelangen – und so war es auch diesmal. An jenem Abend führte ich zum Glück meinen Drilling im Kugelkaliber 7 x 65 R mit und konnte langsam und nahezu geräuschlos die Kugelpatrone in das Patronenlager des Drillings einschieben. In Bauchlage robbte ich noch die zwei Meter bis zum Erdsitz. Dort angekommen strich ich meine Waffe am rechten Außenpfosten des Erdsitzes an. Mein Puls, das werden Sie sich gut vorstellen können, wurde von Sekunde zu Sekunde höher, und mein Herz schlug mir bis zum Hals!

Als ich mich in eine noch etwas bequemere und sicherere Sitzposition bringen wollte, schlug mein Fernglas leicht gegen die Außenbrüstung des Erdsitzes. Daraufhin warf der Keiler, der ca. 60 Meter entfernt stand, natürlich sofort auf. Aber längst stand der Zielstachel des Absehens auf seinem Blatt und im nächsten Moment trug ich ihm die Kugel an. Nach einer kurzen Flucht von ungefähr zehn Metern brach der Keiler in seiner Fluchtfährte zusammen, und ich konnte nur noch das Schlegeln seiner

Der Suhlen-Keiler

Läufe erkennen. Im nächsten Moment brach die komplette Anspannung aus mir heraus, meine Arme und Beine fühlten sich wie Wackelpudding an und begannen fürchterlich zu zittern.

Welch Jagdfieber und welch wahrlich atemberaubendes Erlebnis an diesem Abend!

Es hielt mich maximal noch fünf weitere Minuten auf meinem Erdsitz, dann begab ich mich, immer noch zitternd und mit wackligen Beinen, in Richtung des Keilers. Dort lag er, mein zweiter Keiler, mit einem guten Hochblattschuss. Die Dämmerung schritt voran, die Dunkelheit war nicht mehr fern, und so musste ich mich beeilen, ihn zu bergen und zu versorgen; aber so wie ich es immer tue, saß ich erst noch eine Weile vor dem Keiler und ließ das Erlebnis nochmals Revue passieren. Überglücklich gab ich dem Bassen seinen letzten Bissen in sein Gebrech und blies ihm zu Ehren das Totsignal und Halali. Diesmal benötigte ich aufgrund der hier vorliegenden Topografie Hilfe beim Bergen, und mein Freund Lars war so nett, mir zu helfen. Hätte er gewusst, was auf ihn zukommt, hätte er mein Klingeln an seiner Haustür damals wohl lieber überhört …

Das Bergen und Versorgen war nämlich mit erheblichen körperlichen Anstrengungen verbunden und kostete uns sehr viel Kraft. Gegen 23:00 Uhr waren wir dann schließlich so weit, den Keiler in die Kühlkammer bringen zu können.

Wir waren einfach nur erleichtert und zufrieden, dass wir beide es endlich geschafft hatten. Der Keiler wog aufgebrochen 102 kg und wurde auf sieben bis acht Jahre geschätzt, seine Gewehrlängen betrugen 21,9 cm und 21,3 cm.

Er hatte uns kräftemäßig wirklich alles abverlangt, und das Tottrinken dieses Exemplars verlegten wir auf den nächsten Tag, da es mittlerweile schon Mitternacht war und jeder von uns nur noch ein Ziel hatte: Sich in den warmen Kessel des Schlafzimmers einzuschieben!

Am nächsten Abend klangen die Hörner der Weidkameraden („Sau tot“ und „Halali“) und gaben dem Bassen die letzte Ehre. Auch dieser Abend endete – Sie ahnen es, liebe Leserschaft – erst wieder am frühen Morgen, und mit jeder Stunde wurden die Geschichten der Jagdfreunde spannender.

Die Forstreform und das letzte Jahr in meinem Pirschbezirk

Nachdem ich einige wundervolle und erlebnisreiche Jahre in meinem Pirschbezirk verbracht hatte und sicherlich noch sehr lange und gerne dort gejagt hätte, bekam ich eine Nachricht, die mich traurig und wehmütig stimmte: Aufgrund der anstehenden Forstreform sollte das Forstamt, in dem ich jagte, aufgelöst werden und künftig von dem nächstgelegenen größeren Forstamt verwaltet werden. Dies bedeutete, dass einige Förster – die mir mittlerweile zu Freunden geworden und mir sehr ans Herz gewachsen waren – aufgrund ihres Alters und ihrer geleisteten Dienstjahre in die Altersteilzeit gehen würden. Und dass diejenigen, die noch nicht in den Ruhestand treten konnten, in andere Forstämter versetzt werden würden. Aber am unangenehmsten für mich war die Mitteilung, dass ich meinen Pirschbezirk nur noch bis zum Ende des bestehenden Jagdjahres bejagen konnte.

Danach würde er, so die Mitteilung des Revierleiters, nur noch für die Einzeljagd auf den Hirsch und die anderen Schalenwildarten zur Verfügung stehen.

Ich gestehe ganz offen und ehrlich, dass ich über diese Entscheidung sehr unglücklich war, schließlich hatte ich viel Arbeit und meine ganze Leidenschaft in meinen Pirschbezirk gesteckt. Aber die Entscheidung war getroffen, und was blieb mir anderes übrig, als sie zu akzeptieren und die noch verbleibende Zeit zu genießen und sinnvoll zu nutzen! Dazu fiel mir dann der trostspendende Spruch meines Freundes Herbert ein:

> **„Das Glück wohnt nicht im Besitze und nicht im Golde, das Glücksgefühl ist in der Seele zu Hause.“**

Da ich bis zu diesem Zeitpunkt noch nicht die Möglichkeit gehabt hatte, auf einen Rothirsch zu jagen, beschloss ich einstweilen, einen Antrag für die Erlegung eines Hirsches der Klasse III zu stellen, was mir auch sofort bewilligt wurde. Dazu aber später mehr …

Außer der negativen Nachricht über die bevorstehende Forstreform hatte ich in besagtem letztem Jagdjahr noch andere negative Nachrichten und Erlebnisse zu verbuchen.

Seit einiger Zeit trieb ein wildernder Hund sein Unwesen in meinem Jagdbezirk, ich konnte ihn mehrmals das Wild hetzen hören, aber ich bekam ihn nie zu Gesicht. Seine Tonlage war sehr hoch und ähnelte dem Geläut eines Terriers. Als ich an einem Nachmittag die Kirrung beschickte und an den Suhlen abfährtete, hörte ich den Hund wieder in unmittelba-

Mein letzter Rehbock im Pirschbezirk

rer Nähe hetzen: Jiff, jiff, jiff! In Windeseile lief ich zum Auto und nahm die Verfolgung in Richtung der Laute des Hundes auf. Nachdem ich nach etwa 500 Metern mit meinem Jeep auf der nächsten Anhöhe angekommen war, sah ich den kleinen schwarzen Teufel, als er bereits auf dem Rückweg war und über den Hügel in Richtung Dorf verschwand. Es war ein wuscheliger, zotteliger, schwarzer Terrier-Mischling. Ich erkannte den Hund: Er gehörte einer ortsansässigen Beamtin, die ich bereits mehrfach in meinem Jagdbezirk angetroffen hatte. Sie ließ ihren Hund immer frei laufen und beteuerte in einem Gespräch, dass ihr „Hundi", wie sie ihn liebevoll nannte, ihr niemals von der Seite weichen würde!

Ich fuhr direkt im Anschluss auf dem Hauptweg in Richtung Dorf, und kurz vor der Reviergrenze traf ich dann auch auf „Hundi" nebst Frauchen. Nachdem ich ihr in aller Ruhe und Sachlichkeit die Thematik geschildert hatte, versprach sie mir völlig einsichtig, dass sie „Hundi“ ab sofort nicht mehr frei laufen lassen würde. Sie habe immer gedacht, dass ihr kleiner Schützling vor lauter Freude und gemäß seinem Freiheitsdrang ein wenig im Wald herumtollen, aber niemals auf die Idee kommen würde, dem Wild nachzustellen. So weit, so gut. Wenige Zeit später sollte es aber doch anders kommen, und so kurios es klingen mag, nicht zu meinem Nachteil.

In der darauffolgenden Zeit traf ich die beiden gelegentlich bei meinen Revierfahrten, „Hundi“ war stets angeleint, und es kehrte wieder Ruhe im Revier ein. Mittlerweile neigte der Sommer sich seinem Ende entgegen. Zufrieden über meine letzten Erlebnisse und die jagdlichen Erfolge in der vergangenen Blattzeit, in der ich einen alten und kapitalen Bock streckte und in den Vollmondnächten noch so manchen Schwarzkittel auf die Schwarte legen konnte, galt mein Augenmerk jetzt der Bejagung des mir freigegebenen Hirsches der Klasse III.

„Hundi“ und der Überläuferkeiler

Einige Male konnte ich in der Feistzeit einen Eissprossenzehner in einem Hirschrudel bestätigen, der vom Alter her sicherlich in die Klasse eines IIIer-Hirsches passen sollte. Und so erachtete ich es als selbstverständlich, dass ich ab sofort auf keine andere Wildart mehr jagte, da Ruhe oberstes Gebot war. Es war bereits Anfang September, und ich schaute wieder einmal nach dem Wildacker und der großen Suhle, wo ich hin und wieder frische Rotwildfährten stehen gesehen hatte. Der Wind kam an jenem Abend von Osten, aus Richtung der großen Buchenrauschen, und so beschloss ich, den Wildacker oberhalb der Felsengruppe anzugehen. Es hatte die letzten Tage viel geregnet, und ich dachte, frische Trittsiegel von Rotwild sollten gut erkennbar sein.

Der Aufstieg war mühsam und hatte doch mehr Zeit in Anspruch genommen, als gedacht. Zwei Tage zuvor war ich auf unserer Gartentreppe unglücklich gestürzt und hatte mir das rechte Knie aufgeschlagen. Jeder Schritt schmerzte nun sehr, und aus diesem Grund kam ich nur sehr langsam voran. So beschloss ich, als ich an einer Felsengruppe ankam, bei gutem Wind und gut gedeckt ein wenig auszuruhen. Meine Büchse hatte ich wohlweislich im Auto gelassen, denn ich wollte nicht mehr Gewicht als nötig mit mir tragen; ich hatte mit mir und meinem Knie schon genug zu tun. Als ich bereits 20 Minuten mit meinem Doppelglas die Umgebung und den Wildacker abgeglast hatte, trat ein einzelner Hirsch in geschätzten 120 Metern Entfernung aus den Buchenrauschen aus. Es war der Eissprossenzehner, den ich schon zweimal in Anblick gehabt hatte. Auffällig war sein ausgeprägter schwarzer Aalstrich auf der Rückenlinie.

Aufgrund seines Habitus und der anderen charakteristischen Merkmale wie zum Beispiel der aufrechte Träger, das längliche Haupt, die kurze Mähne, ein schwacher Widerrist etc. war ich mir ziemlich sicher: Das ist ein Hirsch der Klasse III, maximal 4.–5. Kopf und somit für meine Freigabe passend. Er zog langsam, aber stetig in Richtung der nächsten Jungfichtenkultur, und es wäre ein Leichtes gewesen, ihm die Kugel anzutragen. Aber, liebe Leserschaft, Sie erinnern sich: Meine Waffe hatte ich ja im Auto gelassen …

Und so erfreute ich mich trotzdem an dem beeindruckenden Moment und dem majestätischen Anblick. Dieser Hirsch war für mich etwas ganz Besonderes, denn ich hatte im vergangenen Frühling seine beiden Stangen in der Douglasiendickung auf dem Hauptwechsel gefunden; und das ganz ohne meinen Freund Heinrich. Die Passstangen lagen keine 130 Meter

Die aufgesetzten Passstangen des Eissprossenzehners

voneinander entfernt. Ich war über meinen Fund natürlich wahrlich begeistert und habe sie auf einen Kunstschädel aufgesetzt. Mein Revierleiter, der auch ein erfahrener Rotwildjäger war, schätzte das Alter des Hirsches ähnlich wie ich ein.

Seither habe ich keine weiteren Passstangen mehr gefunden.

Nachdem der Hirsch eingewechselt war, pirschte ich so leise wie nur möglich wieder zurück zum Jeep und hoffte auf eine nächste Begegnung. Leider war meine Knieverletzung doch ernster als angenommen, und eine Röntgenuntersuchung am übernächsten Tag ergab eine Fraktur an der Kniescheibe – somit verbrachte ich die nächsten sechs Wochen im Wundbett. Zum Jagen konnte ich erst wieder Ende Oktober gehen.

Die Brunft war vorüber, und meine Hoffnung, dass ich den Hirsch wieder in Anblick bekam, schrumpfte zunehmend, da ich an dem Wildacker und an der Suhle keine frischen Fährten mehr stehen sah.

Ende Oktober traf ich Herbert, meinen alten Weidkameraden und Freund, der mich als 10-Jährigen mit auf den Ansitz genommen hatte und durch den ich das erste Mal erleben konnte, wie ein Bock gestreckt wurde. An jenem Bock durfte ich auch meine ersten Erfahrungen in puncto Aufbrechen und Versorgen des erlegten Stückes machen. Die Erinnerung daran ist nach über vierzig Jahren immer noch so frisch, als hätte dies alles erst vor kurzer Zeit stattgefunden.

Leider ist mein Freund Herbert, dem ich viele spannende Erlebnisse und Lehrstunden auf der Jagd zu verdanken habe, inzwischen für immer von uns gegangen. Ich bin mir sicher, dass er es war, der den Grundstein für meine jagdliche Passion gelegt hat. Ich werde nie vergessen, wie ich als junges Bürschlein mit ihm auf den roten Bock gepirscht bin, ihm immer dicht auf den Fersen, und dass er es mir ermöglichte, im Alter von dreizehn Jahren meinen ersten Waschbären mit der Doppelflinte zu erlegen. Der Waschbär wurde präpariert und stand zum Unmut meiner lieben Mutter selbstverständlich auch in meinem Kinderzimmer! Mein Zimmer war ein „jagdlicher Schrein", zusätzlich war es nämlich auch mit alten Rehgehörnen geschmückt, die mir andere Jäger und Förster als Geschenk geschenkt hatten. Ich weiß auch noch, dass Herbert mir das Röhren eines Rothirsches beigebracht hat und wir so manches Exemplar in der Brunft mit dem Hirschruf in Anblick bekommen haben.

Aber weiter mit dem, was ich Ihnen berichten möchte: An diesem Oktobertag hatten wir uns viel zu erzählen und er hatte davon gehört, dass ich in meinem heimatlichen Pirschbezirk auf einen Hirsch jagte. Ich bot ihm an, mich beim nächsten Ansitz zu begleiten, und er freute sich sichtlich. Am nächsten Wochenende verabredeten wir uns für Freitagnachmittag um 16:00 Uhr. Als Ansitz wählte ich eine offene Kanzel unterhalb

Der erlegte Waschbär

der großen Buchenrauschendickung, da sie bei Westwind perfekt passte und man diese Kanzel von dem Hauptweg gut gedeckt angehen konnte. Es war ein goldener, sonnendurchfluteter Oktobertag, und wir freuten uns beide, nach so vielen Jahren wieder gemeinsam jagen gehen zu können. Wir saßen noch keine Viertelstunde, als plötzlich ein mir vertrautes „Jiff, jiff" die Ruhe und Stille unterbrach. Für einen kurzen Moment sahen wir den schwarzen, zotteligen Hund der Beamtin: „Hundi" war zurück!

Er stellte die ganze Dickung auf den Kopf und hätte sicherlich, man sollte es kaum für möglich halten, jede Stöberprüfung bestanden, als im nächsten Moment ein Überläuferkeiler die Buchenrauschen im zügigen Troll verließ. Ich trug ihm eine schnelle Kugel an. Der Überläuferkeiler zeichnete, aber flüchtete weiter über die nächste Kuppe. Es wurde totenstill: Kein „Jiff, jiff" und kein Hetzlaut waren mehr zu vernehmen. Was wir hörten, war die Stimme einer Frau, die nach ihrem „Hundi" rief. Nach wenigen Minuten verstummte auch sie. Herbert und ich blieben noch eine gute halbe Stunde sitzen und gingen dann zum Anschuss.

Der Überläuferkeiler, der aufgebrochen 56 kg auf die Waage brachte, lag ungefähr 40 Meter entfernt mit einem Tiefblattschuss. So schnell hatte bisweilen keiner von uns beiden einen Schwarzkittel erlegen können.

Dieses Jagderlebnis war aber leider auch das letzte gemeinsame von Herbert und mir.

Meine Gefriertruhe war ziemlich geleert und die Erlegung des Überläufers kam mir gerade recht, um das Vorratslager wieder aufzufüllen.

Seit jenem Tag traf ich weder die besagte Beamtin noch ihren „Hundi" jemals wieder im Revier an, sondern nur noch im Dorf – und ihr schwarzer Terrier-Mischling war stets brav angeleint.

Der Überläuferkeiler und Brandelbracke Aaron

„Hirschfieber"

Nachdem ich den Überläuferkeiler zu schmackhaften Leckereien verarbeitet hatte, zog es mich alsbald wieder ins Revier. Mich hatte das Hirschfieber gepackt, und meine Ehefrau hatte zum Glück Verständnis dafür; wofür ich ihr wirklich sehr, sehr dankbar war und bin. In den nächsten Wochen kamen mir immer wieder Hirsche in Anblick, aber mein Eissprossenzehner, auf den ich jagte, war wie vom Erdboden verschluckt. Sollte er etwa von einem anderen Hirsch geforkelt worden oder vielleicht in der Brunft in einem anderen Revier erlegt worden sein? Er war auf jeden Fall nicht mehr da.

Etwas anderes, aber ganz Besonderes, erspähte ich jedoch zu dieser Zeit: Ende November saß ich auf einer alten, offenen Kanzel am Fernwechsel des Rotwildes an und sah etwas, das ich im ersten Moment als ein Stück Kahlwild deutete. Als ich es dann mit meinem Fernglas genauer beäugte, traute ich meinen Augen kaum. Es war ein Hirsch – und zwar ein Mönch, wie er im Lehrbuche steht! Auf seinem Haupt trug er lediglich die Rosen, auf denen ca. 2 cm lange, dicke Stümpfe saßen – und dieses Tier war kein junger oder mittelalter Hirsch mehr.

Gemächlich, in aller Ruhe, zog er den steilen Hang auf seinem Wechsel entlang, und nur allzu gerne hätte ich ihn mit seiner seltenen Trophäe erlegt. Aber ich war mir unsicher, ob er überhaupt von mir erlegt werden durfte, und so blieb die Kugel im Lauf. Als ich meinem Revierleiter Hartmut davon berichtete, teilte er mir mit, dass besagter Hirsch in der Brunft von einem Forstkollegen in dessen Revier gesehen und der Kollege nicht rechtzeitig für einen sicheren Schuss fertig geworden war. Und dann sagte er mit ernster Stimme zu mir, wieso ich ihn nicht erlegt hätte, er sei doch auch für mich frei. Nun ja, meine Chance hatte ich vertan, aber vielleicht würde ich ihn ja noch einmal zu Gesicht bekommen.

Mein Hirschfieber stieg jetzt noch mehr an, da ich jetzt auf zwei Hirsche jagte. Die nächsten Wochen war mein Anblickk spärlich, denn ich sah ich weder den Mönch noch den Eissprossenzehner. Es war wie verhext, und ich erinnerte mich an meine Großmutter, die stets zu sagen pflegte: „**Habe Geduld, in der Ruhe liegt die Kraft.**“

Aber ihr Rat war damals für mich gar nicht so leicht umsetzbar, denn, Sie werden sich erinnern, meine Zeit, in diesem Pirschbezirk zu jagen, neigte sich ihrem Ende zu. Und nur allzu gerne hätte ich zum krönenden Abschluss noch den König des Waldes gestreckt.

Weihnachten und Silvester gingen vorüber, und ich hatte noch genau zwei Tage Zeit, um zu jagen, und so beschloss ich am Abend des 30. Januar, mich noch einmal an die große Suhle in der Nähe der üppigen Fichtendickung anzusetzen. Dort stand eine Salzlecke, und ich hatte ein paar Tage zuvor etwas von der feinsten Gras-Silage, die man in unserer Region bekommen konnte, dorthin gebracht. Auch einige Handvoll Mais und ein paar wenige Zuckerrüben wurden untergemischt. Als besonderes Schmankerl für das Wild hatte ich die von mir im Herbst eingesalzenen Eicheln und Kastanien zusätzlich auf der Silage verteilt. Meine Kinder hatten für mich nach Schulschluss tütenweise Eicheln und Kastanien gesammelt und bekamen für ihren Einsatz und Fleiß immer ein angemessenes Taschengeld.

Es war bitterkalt, der Wald war mit Raureif überzogen und die Eiskristalle funkelten in der letzten Abendsonne wie Edelsteine. Hier und da sah ich, wie die Kohlmeisen an den letzten Vogelbeeren ihren Hunger stillten. Anscheinend hatten sie die Futterkästen für Waldvögel, die ich gemeinsam mit meinen Kindern gebaut hatte, noch nicht entdeckt. Denn überall im

Revier hatte ich Rindertalg und besagte Futterhäuschen mit reichlich Waldvogelfutter bestückt und an den entsprechenden Stellen aufgehängt.

Der Waldboden war bereits seit rund zwei Wochen gefroren und erschwerte den Sauen das Brechen nach Nahrung, daher waren meine beiden Kirrungen auch sehr gut angenommen. Nachdem ich nach einem langen Weg endlich auf der hohen, offenen Kanzel angelangt war und mich in meinen Ansitzsack eingemummelt hatte, kam ich gar nicht mehr dazu, mir eine Tasse Kaffee aus der Thermoskanne einzuschenken. Wie aus dem Nichts kam im schnellen Troll eine Rotte Sauen aus dem Nachbarrevier gewechselt und machte sich über die von mir verteilten Leckereien her. Sage und schreibe siebzehn Sauen in allen Größen sah ich. Doch meinem Grundsatz zufolge wollte ich wegen der Hirschjagd kein anderes Wild erlegen, um mir ja nicht die Chance auf den Hirsch zu nehmen. Viele Male war mir das in der letzten Zeit hier im Revier auf den Ansitzen gelungen, aber jetzt, da ich nur noch heute und morgen die Möglichkeit hatte, an diesem Ort zu „weidwerken", entschloss ich mich, dem bekannten Spruch Folge zu leisten: **„Ein Spatz in der Hand ist besser als eine Taube auf dem Dach!"**

Ich entschied mich schließlich zum Schuss auf einen Frischling, die wohl jeweils ihre rund 30 kg aufgebrochen auf die Waage brachten. Ich hatte mir viel Zeit zum Ansprechen gelassen. Als ich meinen Drilling in Position bringen wollte, drehte der Wind merklich, und die Leitbache gab mit einem lauten „Wuff" das Signal zum Abzug der Rotte. Fluchtartig und mit ihren Pürzeln winkend verschwanden sie in der nächsten Dickung. Der Kaffee, den ich mir sodann genehmigte, schmeckte mir zu meinem Leidwesen überhaupt nicht, und auch meine Butterstulle mit dick belegter Leberwurst ließ nach dieser verpassten Gelegenheit keine Gaumenfreude aufkommen. Nachdem ich insgesamt mehr als viereinhalb Stunden angesessen hatte, machte sich Väterchen Frost bemerkbar, und Kälte durchzog meinen ganzen Körper.

Der heiße Kaffee war leer, und meine Taschenöfchen wärmten auch schon seit einiger Zeit nicht mehr. „Noch fünf Minuten sitzen bleiben und dann abbaumen", nahm ich mir vor. Aber in der nächsten Minute wechselte ein Fuchs an. Tapp, tapp, tapp … Seine Tritte waren auf dem gefrorenen Boden gut zu hören. Keine 30 Meter vor mir setzte er sich auf seine Keulen und begann aufgrund der Ranzzeit mit einem durchdringenden Rufen und Keckern – ich bekomme noch immer jedes Mal eine Gänsehaut, wenn ich die Rufe der ranzigen, roten Freibeuter höre. Als er seine zweite Arie von sich gab, vernahm ich ein lautes Knacken aus dem Hochwald. Der Fuchs sprang ab, und diesmal hatte ich meinen Drilling vorsichtshalber schon in Position gebracht. Dann sah ich sie: Eine einzelne stärkere Sau, die direkt auf mich zuwechselte; ihr Gangbild war nicht gleichmäßig, und ich konnte mit dem Doppelglas erkennen, dass sie den linken Vorderlauf schonte und im Troll vorne einknickte. Mein Entschluss war gefallen, es konnte sich nur um ein krankes Stück Schwarzwild handeln, das ich strecken sollte.

Der Wind hatte mittlerweile gedreht und blies mir aus Richtung Osten eiskalt in den Rücken – das Stück Schwarzwild würde mich sicherlich gleich winden. Als dann die Sau kurz darauf ungefähr 50 Meter vor mir zum Verhoffen kam und den Wind prüfte, erhielt sie eine Kugel im Kaliber 7 x 65, brach im Feuer zusammen und verendete augenblicklich. Zufrieden über den guten Schuss und das sofortige Verenden der Wutz ließ ich mir dann, bevor ich zu ihr schritt, eine Pfeife mit Vanille-Rum-Tabak schmecken. Weil ich mittlerweile fast stocksteif gefroren war, wurde das Stopfen mit den klammen Fingern zu einer regelrechten Herausforderung. Durch das soeben Erlebte und den entsprechenden Adrenalinausstoß wurde mir jedoch wieder wärmer. Eine Viertelstunde später stand ich vor einer Geltbache mit einem noch nicht alten, hohen Vorderlaufschuss, der einen Abszess aufwies. Ich war glücklich über meinen Hegeabschuss und darüber, ihr weiteres Leid und Schmerzen erspart zu haben. Aufgrund des Abschliffes der Backenzähne und der beachtlichen Größe der Haken

Die Geltbache mit linker Vorderlaufverletzung

gingen mein Revierleiter und ich von einem Mindestalter von acht bis neun Jahren aus.

Nachdem die Geltbache versorgt und in die Wildkühlung gebracht worden war – es war jetzt gegen Mitternacht – begann es plötzlich zu schneien. Den ganzen Winter über war kaum Schnee gefallen und nun – in meiner vorletzten Nacht – fielen dicke Schneeflocken vom Himmel herab. Der weiße Leithund, der den Jägersleuten so manche Fährte und Spur sichtbar macht …

In dieser Nacht kam ich nicht zur Ruhe, geschweige denn zum Schlafen. Meine Gedanken kreisten über die spannenden und schönen Erlebnisse, die ich in den letzten Jahren hier hatte erleben dürfen und dass ich heute noch einen passenden Hirsch erlegen konnte – das alles war zu viel für mich in meinem Gedankenspiel. Schließlich stieg ich aus dem warmen Bett und schaute aus dem Fenster. Es hatte zu schneien aufgehört, und

Die Hirschkanzel

es lag eine schätzungsweise 5 cm dicke Schneeschicht. Jetzt hielt mich nichts mehr zu Hause, denn bei Schneelage zieht es mich grundsätzlich noch stärker in den tiefen Tann. Schnell hatte ich alles zusammengepackt und machte mich mit meinem Jeep auf den Weg ins Revier. Es war durch die klare frostige Mondnacht und den gefallenen Schnee jetzt, um gerade einmal 6:50 Uhr, schon sehr hell, sodass ich sogleich frische Fährten auf dem Hauptweg erkennen konnte. Ich bemerkte die Trittsiegel dreier Hirsche, die wohl erst kürzlich aus dem Nachbarrevier gewechselt waren. Sie zogen auf dem Fernwechsel und würden diesen auch sicherlich weiterhin nutzen und bei mir über das höchstgelegene Plateau meines Jagdbezirks ziehen. Und jetzt war es wieder schlagartig da, das Hirschfieber!

Da der Wind weiterhin von Osten kam und das Rotwild bekanntlich gerne gegen den Wind zieht, fuhr ich sofort entgegengesetzt um meinen ganzen Pirschbezirk herum, um von der anderen Seite auf die Kanzel am Hochplateau zu gelangen. Ich hatte die große Hoffnung, die Hirsche noch in Anblick zu bekommen. Keine zwanzig Minuten später gelang es mir, leise und unbemerkt an der Kanzel des Plateaus aufzubaumen.

Alles war seelenruhig mit halbem Wind. Ich hatte nur meine normale Revierkleidung, das Doppelglas und meine Büchse mitgenommen, um möglichst schnell auf den Ansitz aufbaumen zu können. Mittlerweile waren gute 25 Minuten vergangen, und meine leichte Jagdhose und -jacke konnten dem Frost nicht länger standhalten. Plötzlich hörte ich ein leises Knacken der Äste aus der Douglasiendickung unterhalb von mir. Nach ein paar Minuten traten aus der Dickung drei Hirsche hervor und verhofften. Keine 60 Schritte von mir entfernt standen sie, und ich traute mich kaum zu atmen. Beim Ansprechen konnte ich den von mir gesuchten Eissprossenzehner, einen einseitigen Kronenhirsch und einen starken doppelseitigen Kronenhirsch erkennen. Und wieder schlug mir das Herz bis zum Hals, als ich im nächsten Moment den Wind in meinem Nacken spürte. Er hatte sich schon wieder gedreht, jetzt würden die Hirsche mich gleich wahrnehmen und abspringen – und so geschah es auch im nächsten Augenblick.

Im leichten Troll zogen sie durch die kleine Buchenrauschenfläche, in welcher sich noch zwei Jagdschneisen befanden. Die Hirsche hielten ihren Wechsel, zogen dann aber langsam in Richtung der ersten Jagdschneise. Dort angekommen, verhofften alle drei hintereinander, sodass ich die Möglichkeit für einen Schuss hatte. Aber vorher schaute ich mir die Hirsche durch das Zielfernrohr meiner Büchse an. Der erste, ganz vorn, war der Eissprossenzehner, und ich war mir sicher, dies durch das Zielfernrohr auch genau angesprochen zu haben. Die Hirsche äugten in meine Richtung, und gerade als der letzte Hirsch sich in Bewegung setzen wollte, trug ich dem vermeintlichen Eissprossenzehner die Kugel an. Im Kaliber 30/06 ließ sie ihn augenblicklich im Feuer verenden. Die beiden anderen zogen nur ganz langsam weiter und verhofften zurückäugend nach ca. 70 Metern. In meinem Doppelglas konnte ich sodann den doppelseitigen Kronenhirsch und den Eissprossenzehner erkennen. Jetzt hielt mich nichts mehr auf der Kanzel, und innerhalb der nächsten paar Minuten stand ich vor meinem ersten erlegten Hirsch. Ich hatte den einseitigen Kronenhirsch erlegt, ein IIb-Hirsch, der sogenannte frühere Försterhirsch, und mir wurde augenblicklich sehr unwohl. Wie hatte das passieren können!? Ich hatte die Enden des ersten Hirsches doch durch das Zielfernohr genau zählen

Der vermeintliche Eissprossenzehner

können und war mir sicher gewesen, den richtigen Hirsch zu strecken. Der einseitige Kronenhirsch musste beim ersten Abspringen in den Buchenrauschen und, von mir nicht erkennbar, am ersten Hirsch (Eissprossenzehner) vorbeigewechselt sein. Weil der von mir erlegte Hirsch beim Zählen der Enden genau in meine Richtung äugte, verschwand das kleine dritte Geweihende hinter dem vorderen Geweihende.

Mein Revierleiter und der Forstamtsleiter teilten mir mit, dass ich mich über den Hirsch doch freuen könne, und ich sei weder der erste und sicherlich nicht der letzte Jäger, dem ein solches Missgeschick passiert war. Und so freute ich mich im Nachhinein dann doch. Das ganze nächste Wochenende besuchten mich Jagdfreunde und Förster zu Hause und haben mit mir und den anderen Jagdfreunden auf den Hirsch angestoßen. Was für ein Abschluss meines letzten Pirschbezirk-Tages im Staatsforst!

Revierlos

Nachdem ich nun mehr oder weniger ein revierloser Jäger war und mir Gedanken darüber machte, wo ich in Zukunft jagen könnte, bekam ich alsbald einen Anruf von meinem Jagdfreund Leonhard (genannt Leo) aus Rheinland-Pfalz. Leonhard hatte den Wurf-Bruder meines ersten Rauhaardackels Sam und wir trafen uns ein- bis zweimal im Jahr, um gemeinsam zu jagen.

Arthur (Wurf-Bruder von Sam)

Sam (Der Sauenschreck)

Er teilte mir mit, dass er mich erneut zur Bockjagd ins Revier seines Vaters einladen wollte, unter der Bedingung, dass wir zuvor noch gemeinsam Wildbratwurst nach meiner Rezeptur herstellten, was ich ihm natürlich sofort zusagte.

Jenes Jagdrevier umfasste ca. 750 Hektar; dort gab es außer Rotwild, Schwarzwild, Muffelwild und Rehwild auch Luchse, Wildkatzen und eine besonders seltene Fledermausart, die Mopsfledermaus, außerdem viele Schwarzstörche. Dass dort viele der beiden letztgenannten Arten vorkamen, hatte sicherlich damit zu tun, dass große und viele Flächen in ihrer Beschaffenheit extensiv oder auch gar nicht mehr landwirtschaftlich bewirtschaftet wurden. Ebenso gab es eine Vielfalt an Insekten, Sing- und Greifvögeln und nicht zu vergessen: All die vielen verschieden Blütenpflanzen und Farnarten.

Auch ein paar Feuchtgebiete gab das Jagdrevier her, wo man noch auf zahlreiche Amphibien und Reptilien stoßen konnte. Besonders unsere heimischen Schlangenarten wie die Ringelnatter und die Schlingnatter waren im Sommer regelmäßig in den Sumpfgebieten um die Waldtümpel und Teiche anzutreffen. Dementsprechend gab es beste Suhlmöglichkeiten für Rot- und Schwarzwild. An manchen Stellen des Jagdrevieres hatte man das Gefühl, auf einer Alm an wunderschön gelegenen Blumenwiesen und Lichtungen zu jagen.

Aufgrund der Vorfreude auf die angekündigte Bockjagd wurde glücklicherweise meine Wehmut über den Verlust meines letzten Jagdbezirkes ein wenig gemildert.

Mein Rheinland-Pfälzer Lebensbock

Mitte Juli war es dann endlich so weit! Nach einer Fahrt von drei Stunden kam ich im Jagdrevier an Leos Jagdhütte an, und meine Wiedersehensfreude war riesengroß. Herzlich wurde ich von ihm und seiner lieben Ehefrau Nicole, die auch Jägerin ist, empfangen. Es war bestes Blattjagd-Wetter, und die beiden hatten schon eine Woche zuvor einen Überläufer und zwei Jährlingsböcke erlegt.

Nach dem Mittagessen ging es dann wie abgesprochen an das Veredeln der erlegten Stücke. Am Ende des Tages wurden über 500 Wildbratwürstchen vakuumiert und mindestens 30 Stück im Anschluss mit weiteren Jagdfreunden am Jagdhüttengrill genüsslich und in guter Stimmung am Lagerfeuer verspeist. Es war bis heute einer meiner schönsten Abende am Lagerfeuer: Wir sangen viele alte Jagdlieder und genossen so manchen edlen Tropfen Wein aus roten und hellen Trauben, die an den nahe gelegenen Sonnenhängen des Rheins gereift waren. Leos Familie besaß einen eigenen kleinen Weinberg, den sie für den Eigenbedarf nutzten.

Besonders schön war, dass sich an jenem Abend auch ein alter Förster hinzugesellte. Er hatte kürzlich seinen 83. Geburtstag gefeiert und es war in jeder Hinsicht nicht nur eine Freude, sondern eine wahre Bereicherung, diesem erfahren Jäger und Forstmann zuhören. Er gab vieles aus seinem Erfahrungsschatz preis, wofür ich sehr dankbar war. Denn einiges davon

Die gemütliche Jagdhütte

konnte ich in den nächsten Jahren persönlich erfolgreich umsetzen. Ein Buch würde sicherlich nicht genügen, um aufzuzählen, was er an Erlebnissen und Erfahrungen gesammelt hatte.

Die folgende Nacht war entsprechend kurz und die sonst so ausgeprägte Passion für den Frühansitz war plötzlich wie weggeblasen. Aber nach einer Tasse frisch gebrühtem Kaffee und einem kurzen Katerfrühstück wurde sie wieder geweckt. Als Jagdgast und Jagdfreund des Juniorpächters genoss ich das Privileg, mir meinen Platz selbst auszusuchen zu dürfen, was ich aber bescheiden ablehnte, und so fuhr mich mein Freund Leo an einen besonders ruhigen Ort mitten im Revier. Er wusste um meine Passion für die Schwarzwildjagd. An der offenen Ansitzleiter angekommen, teilte er mir bezüglich der Abschussfreigabe mit, dass ich hier alles, was der Jagdschein erlaubte, erlegen dürfe. Schon zweimal sei seinem Vater ein wahrlich starker Keiler in diesem Jahr in Anblick gekommen, aber zu besagtem Zeitpunkt hatte der Keiler noch keine Jagdzeit.

Mit einem kräftigen Weidmannsheil verabschiedete Leo sich von mir, und ich baumte langsam und behutsam auf. Vor mir lag eine ca. 12 Meter breite und 80 Meter lange Jagdschneise, auf welcher sich eine Wildwiese mit zahlreichen Wiesenkräutern und eine Salzlecke befanden. Umgeben war jene Jagdschneise von einer zwei Hektar großen Fichtendickung, an der sich ein Buchen-Niederwald anschloss.

Außerdem konnte ich einen wunderschönen Sonnenaufgang beobachten. Für mich ist es immer wieder bewegend, wenn ich im Dunkeln auf dem Ansitz ankomme und mit fortschreitender Zeit im Verborgenen erlebe, wie der Wald erwacht. Wenn ich meine Lunge mit frischer klarer Luft fülle, die Waldvögel ihre ersten Gesangsstrophen preisgeben und das Wild langsam in seine Einstände zieht – dann fühle auch ich mich als ein Teil der Natur, wofür ich überaus dankbar bin.

Ein Rudel Muffelwild zog an diesem wunderschönen Morgen über die Jagdschneise vor mir und naschte von den saftigen Wiesenkräutern. Nachdem das Rudel ungefähr zehn Minuten später die Fläche verlassen hatte, vernahm ich aus der entgegengesetzten Richtung ein lautes Knacken, und kurze Zeit später zogen zwei Stück Rehwild auf die Jagdschneise. Ein sehr starker Sechser trieb die Ricke unzählige Male immer wieder im Kreis herum. Ein wahrlich kapitaler, reifer und begehrenswerter Bock. Nur kurz verhoffte einmal die Ricke, und der Bock führte in diesem Moment den Beschlag durch, was ich bis zu diesem Zeitpunkt selbst noch nie beobachten hatte können. Nach dem Beschlag setzte sich das rege Treiben fort, und die beiden verschwanden in der angrenzenden Dickung. „Diesen Bock würde ich sehr gerne erlegen", dachte ich, aber ich traute mich nicht. Obwohl Leo mir alles freigegeben hatte, erfreute ich mich in diesem

Moment über den Anblick, der sich mir darbot, und ärgerte mich, dass ich meine Kamera zu Hause vergessen hatte.

Es war mittlerweile 8:00 Uhr, also genau die Zeit, die Leo und ich vereinbart hatten, um mich abzuholen. Als ich gerade meinen Rucksack packte, sah ich am Ende der Jagdschneise am Salzleckstein ein starkes Stück Schwarzwild stehen, das sich dort mit den vorhandenen lebenswichtigen Mineralien versorgte. Als ich mit meinem Fernglas das Stück genauer betrachtete, konnte ich einen Keiler mit sicherlich 160 kg Lebendgewicht ansprechen. Seine Wamme hing höchstens 10 cm über dem Boden und sein Pürzel mit der langen Quaste befand sich auch nur kurz über seinem Geäfter. Seine Gewehre ragten weit über die Länge einer Zigarette hervor – welch grober Keiler das war! Es konnte nur der Keiler sein, von dem mir Leo am selben Morgen noch erzählt hatte. Mein ganzer Körper begann vor Jagdfieber zu zittern, und als ich schließlich das Doppelglas mit meiner Büchse tauschen wollte, hörte ich auch schon das Herannahen des Jagdautos. Im nächsten Moment verabschiedetet sich der Keiler mit erhobenem Pürzel winkend und wechselte zügig in die Dickung. Welche Gedanken und Worte mir da durch den Kopf gingen, möchte ich lieber verschweigen, aber so ist die Jagd nun mal. Mit diesen Gedanken tröstete ich mich in diesem Moment selbst.

Leo hatte einen alten und abnormen Gabler erlegen können und ärgerte sich ebenso wie ich ein wenig über die verpasste Chance. Nach dem Mittagessen wollten wir dann zu zweit zum Blatten gehen, und ich war völlig sprachlos, als ich von Leo und dessen Vater mitgeteilt bekam, dass ich den starken Bock von der Jagdschneise sehr gerne erlegen dürfte, wenn es mir Freude bereiten würde.

Überglücklich ging ich sodann mit meinem alten Freund in den Hochwald unweit jener Jagdschneise, wo ich am Morgen den starken Sechser das erste Mal in Anblick bekommen hatte. Leo war ein wahrer Meister in Sachen Blatten und er zog alle Register, um mir den Bock herbeizulocken, der sicherlich noch bei der Ricke vom Morgen stand. Wir hatten uns hinter einer umgefallenen alten Buche gut gedeckt positioniert. Nachdem der Kitzfiep, der Sprengruf und der Angstschrei keinen Erfolg brachten, scharrte Leo mit den Füßen im Laub und schlug mit einem Stock leicht in die Äste der umliegenden Buche und imitierte einen plätztenden Rivalen. Nachdem er dann zum Ende des Plätzens noch einige Sprengfiepe hinterherschickte, spritzte der Platzbock regelrecht aus dem Niederwald heraus und verhoffte nach ca. 30 Metern. Durch das Zielfernrohr konnte ich den starken Bock von heute Morgen sicher bestätigen, und bevor mich das Jagdfieber beuteln konnte, hatte ich bereits das Absehen auf seinem Blatt stehen und ließ fliegen. Der Bock machte noch eine kurze Todesflucht von 10 Metern und brach dann zusammen. Was für eine spannende Jagd! Und wir beide waren mehr als überrascht und glücklich, dass sich schon beim ersten Versuch der Erfolg eingestellt hatte. Wir saßen noch eine Weile hinter der umgefallenen alten, morschen Buche und ließen das Geschehene erneut Revue passieren, und dabei schmeckte mir meine Pfeife besonders gut. Nach einer Viertelstunde standen wir schließlich vor dem erlegten Bock: Da lag definitiv mein Lebensbock, selbst Leo hatte bis zu diesem Tag in seinem eigenen Jagdrevier ein solches Exemplar nicht bestätigen können.

Er hatte ein geschätztes Alter von sieben Jahren und wog aufgebrochen 25 Kilogramm. Sein Sechsergehörn brachte im getrockneten Zustand 490 Gramm auf die Waage und wies eine Stangenlänge von 25 cm und eine Vordersprossenlänge von 9 cm auf.

Mein Rheinland-Pfälzer Lebensbock

Damals war es in diesen Gefilden noch üblich, das Haupt eines braven Bockes, kapitalen Hirsches, Muffelwidders oder Keilers auf einem Eichenbrett und mit Eichenlaub geschmückt auf den Wirtshaustisch, und alle Jäger des Jägerstammtisches wurden zum Tottrinken eingeladen. So geschah es auch an diesem Abend. Ich verspürte dabei eine ehrliche und neidlose Jägerkameradschaft, und selten habe ich mit Weidgenossen so oft und so gerne angestoßen wie an diesem Abend. Ich möchte aber auch nicht verschweigen, dass dieser Wirtshausabend, was die Kosten betraf, einer Konfirmation mit einem warmen Buffet gleichkam. Aber so sind die

Sonnenaufgang in der Feldgemarkung von Rheinland-Pfalz

fröhlichen und liebenswerten Rheinland-Pfälzer: Wenn sie feiern, dann richtig, und das bis zum nächsten Sonnenaufgang.

Jagen im Eder-Bergland

Es wurde Herbst, und bis auf ein paar Jagdeinladungen zum Einzelansitz hatte ich immer noch keine feste Jagdmöglichkeit, die mir zusagte. Die Jagd ist für mich persönlich ein verantwortungs- und anspruchsvolles Handwerk, wo Moral und Ethik immer an erster Stelle stehen müssen und die gemeinsame Einstellung der Jägerinnen und Jäger untereinander gegeben sein muss – oder wie wir in unserer Heimat zu sagen pflegen: Die Chemie muss stimmen. Nur um des Jagens willen jagen zu können, obwohl man von seiner persönlichen Einstellung zur Jagd mit anderen Mitjagenden aus einer Jagdreviergemeinschaft in vielen Dingen nicht einer Meinung ist und nicht übereinkommt – nein, das kann ich nicht! Gerade dieser Tage, wo die Jagd mit Argusaugen von vielen Jagdgegnern beobachtet und kritisiert wird, ist es umso wichtiger, dass wir Jagdausübende alle an einem Strang ziehen und unser Handwerk nach den Grundsätzen der Weidgerechtigkeit und unserer erworbenen Fachlichkeit mit Herzblut einbringen. Auch und gerade in puncto Öffentlichkeitsarbeit. Denn nur so ist es möglich, Gegnern und Gegnerinnen, uninformierten Personengruppen etc. zu vermitteln, dass Jagd Naturschutz ist und immer im Interesse der Nachhaltigkeit und im Sinne des Tierschutzes und der gesetzlichen Vorgaben praktiziert wird.

Des Weiteren, liebe Leserinnen und Leser, möchte ich auch mit meiner tiefsten Überzeugung nicht hinter dem Berg halten: Jagdneid und Missgunst aus den eigenen Reihen sollten – und müssen! – ein absolutes No-Go sein.

Über dieses Thema unterhielt ich mich ein paar Wochen nach der Erlegung meines Lebensbockes bei einem zufälligen Treffen mit dem Lehrprinzen eines Jagdfreundes, der mit mir gemeinsam die Jungjägerausbildung gemeistert hatte. Mit meiner Einstellung und Überzeugung musste ich bei ihm wohl einen positiven Eindruck hinterlassen haben, da er sich nun bei mir erkundigte, ob ich denn eine neue und feste Jagdmöglichkeit gefunden hätte. Als ich verneinte, bot er mir an, mit ihm zu einem Jagdfreund zu fahren, der der Pächter eines ca. 500 Hektar großen Hochwildrevieres im Eder-Bergland war. Und so verabredeten wir uns für das nächste Wochenende, damit ich diesen Jagdfreund kennenlernen konnte.

Jagen im Eder-Bergland

Das nächste Wochenende kam, und unser Kennenlernen zog sich über einen ganzen Nachmittag. Und schon bald war offensichtlich, dass die Chemie zwischen uns stimmte. Nachdem wir übereingekommen waren, erhielt ich eine Woche später einen festen Begehungsschein. Als ich zudem von dem zuständigen Jagdaufseher, der mittlerweile in die Jahre gekommen war, das Revier mit all seinen Wechseln, Einständen etc. gezeigt bekam, fühlte ich mich angekommen. Denn auch dieser alte Weidmann, der damals schon 76 Jahre zählte und über 40 Jahre dieses Revier betreut hatte, wuchs mir im Laufe der nächsten Monate sehr ans Herz, und ich konnte einen weiteren ehrenwerten Jagdfreund hinzugewinnen.

Mein neuer Jagdherr konnte in der Brunft einen Hirsch der Klasse III erlegen, was ihm jedoch erst zum Ende der Brunft gelang, da er vorweg auf einen Hirsch der Klasse I jagte, der ihn aber nie passend bei ausreichendem Büchsenlicht anwechselte. Nachdem die Brunft vorüber war und ich alle wichtigsten Revierarbeiten abgearbeitet hatte, bekam ich großzügigerweise ein Stück Kahlwild frei, worüber ich, sofern mir die Erlegung gelang, frei verfügen durfte.

An dem folgenden Wochenende saß ich also auf einer ungefähr acht Meter hohen Kanzel an, die inmitten einer 1,5 Hektar großen Fichtendickung an einer Lichtung stand. Hier wechselte regelmäßig das Rotwild herüber, um in die Feldgemarkung zu den angelegten Wildäckern zu gelangen. Mit ihrer Wildacker-Feldbestellung waren diese Wildäcker regelrechte Magnete für das Rotwild; der Bauer, der die Wildäcker nach Vorgabe anlegte, hatte ganze Arbeit geleistet. Nachdem ich in einer mindestens 150 Jahren alten Eiche eine ganze Weile einen Rothabicht beobachten konnte und er dann aufgeschreckt von dannen abstrich, wechselte bei noch bestem Büchsenlicht ein kleines Rudel Kahlwild auf die vor mir liegende Lichtung.

Zwei Alttiere mit ihren Kälbern und ein Schmaltier. Mein Jagdherr hatte mir vor meinem Ansitz freudig mitgeteilt, dass ich mir ein Schmaltier heraussuchen sollte, wenn ich es zu 100 Prozent ansprechen könnte. Dann hätte ich auch mehr Wildbret zur Verfügung, denn zum Herbst hin stelle ich mir immer meine eigene Wildsalami her.

Nachdem ich dem Schmaltier von hinten zwischen die Läufe blicken konnte und ich Gewissheit hatte, dass keine Spinne vorhanden war, entschloss ich mich, es zu erlegen. Das Rudel äste vertraut, der Wind stand für mich bestens (er kam aus Südost), und als das Schmaltier etwas abseits und mittlerweile auch das letzte Stück des Rudels war, da brach mein Schuss und ließ das Stück im Knall verenden. Ich führte an jenem Tag zum ersten Mal meine neue Bockbüchse im Kugel-Kaliber 9,3 x 62. Zufrieden über den guten Schuss und die Menge an wertvollem Wildbret, versorgte ich das Stück Rotwild, legte an der Jagdhütte Strecke und blies andächtig „Hirsch tot (Rotwild tot)", „Jagd vorbei" und „Halali".

An diesem Abend erlegten ein weiterer Jagdgast und mein Jagdherr einen Frischling und einen Überläufer. Sauen gab es in ausreichender Zahl, und es musste dringend intensiver gejagt werden, denn sie richteten bereits im Sommer großen Schaden in den Feldfrüchten an und gruben auch noch die Weideflächen und Futterwiesen um. Und so wurde für das restliche Wochenende ein Plan ausgearbeitet, wo die besten Chancen für die Erlegung des Schwarzwildes bestehen würden.

Das Hauptschwein über der Müllkippe

Einen Tag zuvor, beim Beschicken der Schwarzwild-Kirrungen, hatte ich eine frische und sehr starke Schwarzwildfährte über der alten Müllkippe bestätigen können. Diese Kirrung lag an einem Hang inmitten eines ca. 700 m^2 großen Schwarzdornkomplexes. In den Schwarzdornhecken gab es einen Bach, der nach unten ins Tal floss, mit zahlreichen Suhlen. Ebenfalls waren unzählige Kessel des Schwarzwildes vorhanden, wie die Treiber und Durchgehschützen nach den Drückjagden berichtet hatten.

Sauen-Eldorado (Schwarzdorn-, Berberitze-, Weißdorn- und Sauerdornhecken)

In diesen Schwarzdornhecken konnten Treiber und Jäger nur in Bauchlage durchstoßen, und die Sauen steckten immer darin. Selbst die scharfen Jagdterrier hatten einmal im Jahr bei der angesetzten Drückjagd große Mühe, die Sauen (und vor allem die älteren und erfahren Sauen) aus den Schwarzdornhecken herauszudrücken. Dieser Ort war einer der sichersten Plätze, um eine Sau zu erlegen, denn die Kirrung war fast täglich und zudem das ganze Jahr über gut angenommen, diente aber weitestgehend als Ablenkfütterung. Wer dort jedoch auf eine Sau schoss und diese nicht im Feuer lag, hatte eine besondere Aufgabe zu meistern: Nämlich jene, sie aus den dichten, stacheligen Schwarzdornhecken zu bergen. Aus diesem Grund hatte keiner der anderen Jäger Interesse daran, dort anzusitzen. Und so fiel das Los auf mich.

Der nächste Abend sollte eine weitere Sternstunde in meinem Jägerleben werden. Es war der 1. November, und wir hatten abnehmenden Vollmond bei klarem Himmel. Gegen 19:30 Uhr kam ich an der geschlossenen Kanzel an, welche gut gedeckt in alten Wildkirschbäumen stand. Ich hatte oberhalb des Forstweges mühsam einen Pirschpfad durch die Hecken im Steilhang angelegt, und man konnte ungesehen auf die Kanzel aufbaumen. Nachdem ich mich in meinen dicken und mit Lammfell gefütterten Ansitzsack gemummelt und alles andere zurechtgelegt hatte, dauerte es gar nicht lange, bis die Strapazen der letzten Tage ihren Tribut forderten. Ich schlief ein! Kurz vor 22:00 Uhr wurde ich durch ein Brummen und von Tönen, die wie ein Fauchen klangen, geweckt.

An der Kirrung waren zwei Waschbären, die sich wegen der Maiskörner stritten, die sich dort befanden. Erschrocken über mein festes Einschlafen glaste ich unmittelbar danach erst einmal die weitere Umgebung ab – aber was war das?! Keine 80 Meter links von mir stand ein einzelner Hirsch auf der Wiese und äste. Es war, trotz des abnehmenden Vollmondes, immer noch sehr hell, und ich konnte den Hirsch eindeutig als den von meinem Jagdherrn gesuchten Ia-Hirsch ansprechen. Ein ungerader Sechzehnender, der sicherlich vom 10.–11. Kopf war. Ich vermutete, dass dem Hirsch die Helligkeit nicht sonderlich behagte und er deswegen langsam in den Schlagschatten des Hochwaldes entlang der Weidefläche zog. Nach rund 100 Metern wechselte er wieder im Hochwald ein. Begleitet von den Rufen des Waldkauzes.

Glücklich über den Anblick des Hirsches und dankbar, dass mich die zwei Räuber mit ihren Streitigkeiten geweckt hatten, sah ich alsdann ein weiteres starkes Stück Wild herüberwechseln. Mit meinem Nachtglas konnte ich einen Keiler ansprechen, der aufgebrochen gute 110–120 kg auf der Wildwaage anzeigen mochte. Der alte Jagdaufseher hatte mir berichtet, dass er hier seit zwei oder drei Jahren, wenn er es gesundheitlich schaffte und zum Ansitz gehen konnte, häufig einen sehr starken und alten Keiler in Anblick bekommen und immer wieder gefährtet hatte; jedoch war er nie schnell genug fertig geworden, dem Keiler die Kugel anzutragen. Hinzu kam, dass er bereits vor vielen Jahren bei einem Arbeitsunfall sein rechtes Auge verloren hatte. Vor dem Verlust war er Rechtsschütze gewesen und später – was blieb ihm auch anderes übrig? – disponierte er um und wurde Linksschütze. Ich war einige Male mit ihm gemeinsam auf dem Ansitz gewesen und Zeuge geworden, wie er trotz seiner Sehbehinderung dem Wild stets eine saubere Kugel angetragen und auch immer nur dann einen Schuss abgegeben hatte, wenn er sich ganz sicher gewesen war, dass das Stück Wild die Kugel ins Leben erhalten würde.

Aber auch ich wurde in diesem Moment nicht rechtzeitig fertig. Denn so schnell der Keiler angewechselt war, so schnell verschwand er auch wieder in der angrenzenden Fichtendickung. Der Wind stand perfekt, und ich hatte die Hoffnung, dass er vielleicht doch noch an die Kirrung wechseln würde. Die nächste Stunde beobachtete ich diese mitsamt ihrer Umgebung und hielt derweil die Büchse gesichert im Anschlag. Aber sowohl bei mir als auch bei meinen Mitjägern war es auffällig ruhig. Kein Schuss fiel. Wahrscheinlich war es den Sauen durch den abnehmenden Vollmond zu hell. Nach über einer Stunde hochkonzentrierten Ausharrens schmerzten mein Rücken und meine Arme. Ich stellte meine Repetierbüchse an die Kanzelwand und versuchte, durch leichte, unauffällige Dehnübungen meine verkrampfte Muskulatur wieder zu entspannen. Eine Tasse Kaffee und eine Pfeife dienten zur zusätzlichen Entspannung und ließen mich in der hellen und kalten Nacht noch bis kurz nach Mitternacht verharren. Während der letzten Stunde vertrieb mir der Waldkauz, der hin und wieder nach seinem Jagdflug nach Mäusen auf dem Kanzelgeländer vor der Eingangstür aufpflockte, die Zeit. Mit seinem Ruf „Kowitt, kowitt" hat er in manchen Regionen – und auch in meiner Heimat – für Aberglauben gesorgt. Die Leute, hauptsächlich Bauersleute und ältere Anwohner in den dörflichen Regionen, glaubten, dass ein Mensch aus der näheren Umgebung in Kürze versterben würde, wenn sie inmitten der Nacht das Rufen des Waldkauzes vernahmen. Sie sagten, sein Ruf ähnelte einem „Komm mit, komm mit", und er sei der Gehilfe des Sensenmannes. Selbst heute erlebe ich es im Gespräch mit älteren Bauern und Bäuerinnen, dass dieser Aberglaube noch immer kursiert.

Nach nunmehr rund fünf Stunden Ansitz zog es mich schließlich doch nach Hause in die warme Stube. Doch wie so oft erweckte im letzten Moment ein Knacken meine Aufmerksamkeit. Diesmal lag meine Büchse sehr schnell im Anschlag, in der anderen Hand hielt ich mein Fernglas. Dann hörte ich, wie ein Stück Wild durch die dichte Schwarzdornhecke zog und erkannte kurz darauf die Umrisse eines Stücks Schwarzwild an einer lichteren Stelle: Sollte dies *der* Keiler gewesen sein? Langsam und sichernd zog die Sau aus der Schwarzdornhecke heraus, und inzwischen konnte ich die Wutz als einen anderen Keiler ansprechen. Dieser war um einiges geringer im Wildbret als der Keiler, den ich zu sehen gehofft hatte. Das Exemplar vor mir musste aufgrund seiner Körperform ein stärkerer Überläufer sein, dessen Gewicht ich aufgebrochen auf ungefähr 65–70 kg schätzte. Als der vermeintliche Überläufer kurz vor der Kirrung sichernd verhoffte, ereilte ihn schon meine losgeschickte Kugel. Erst kürzlich hatte ich mir ein neues, hochwertiges Zielfernrohr mit Leuchtabsehen gekauft, und der Leuchtpunkt stand bei der Schussabgabe auf dem Blatt. Aber die Sau, zu meinem Unmut, flüchtete in die Schwarzdornhecke! „Na prima, herzlichen Glückwunsch", dachte ich und ahnte nichts Gutes. Ich war mir bei der Schussabgabe so sicher gewesen – und nun dieses Malheur!

Ich hielt die obligatorische Pause in Länge einer Zigarette oder – für mich passender – in Länge einer gerauchten Pfeife ein und stand nach einer Viertelstunde mit meiner Jagdtaschenlampe da: Ich konnte am Anschuss weder Schweiß, Eingriffe, Schnitthaar oder sonstige Schusszeichen finden, was sehr merkwürdig war. Ich hatte die Waffe mit dem neuen Zielfernrohr selber eingeschossen und war überdies absolut sicher, gut abgekommen zu sein. Ich beschloss also, mit meiner Kurzwaffe (einem 6-schüssigen 357 Magnum Colt mit einem Teilmantelgeschoss) nach einer weiteren Wartezeit von 30 Minuten nach Schweiß zu suchen, ehe ich am nächsten Morgen einen Schweißhundeführer mit der Nachsuche beauftragen würde. Nach einem halben Meter fand ich, in die Schwarzdornhecke sehend, glücklicherweise den ersten Lungenschweiß, der immer stärker wurde. Aber, so hatte ich es vor langer Zeit erlernt, ich wollte trotz dieser Bestätigung nicht weitersuchen und holte meinen Teckel Sam.

Er war ein Rauhaardackel mit Verstand und verlor bei Kontakt mit Schwarzwild weder den Kopf, noch wurde er übermütig. Ich erteilte ihm das Kommando „Such Verwund". Sam war ein sogenannter „Totverbeller", was ihn mit seiner ausgezeichneten Nase und dem Finderwillen besonders auszeichnete, auf ihn war Verlass. Nach rund 20 Metern schlug er an, und aufgrund seiner tieferen Tonlage, wenn er am bereits verendeten Stück ankam, konnte ich erkennen, dass das Stück tatsächlich verendet war. Nun ging es an die Bergung – und diese wird mir gewiss in ewiger Erinnerung bleiben. Leider hatte ich keine Hundeführerausrüstung bzw. dornensichere Kleidung dabei, nur meine gut gefütterte und warme Ansitzkleidung für lange und frostige Ansitze. Als ich endlich durch die dichten Schwarzdornheckentunnel, die das Schwarzwild über viele Jahre angelegt hatte, am verendeten Stück ankam, konnte ich nicht glauben, was ich sah: Der vermeintliche Überläufer war ein reifer Keiler. Mein Rauhaardackel freute sich offenbar genauso wie ich und wollte den Keiler gar nicht mehr loslassen. Und so musste ich unter großem Kraftaufwand nicht nur Letzteren in Bauchlage rückwärts aus der Schwarzdorndickung herausziehen, nein, zusätzlich auch noch meinen Dackelrüden, der an dem Keilerende hing und mit voller – mir entgegengesetzter – Kraft fleißig am Pürzel zog. Völlig erledigt konnte ich zwei Stunden später den Keiler zur Jagdhütte bringen und, wenn auch mit sehr wenig Puste, „Sau tot", „Jagd vorbei" und „Halali" als letzte Ehre auf meinem Fürst-Pless-Horn blasen. Ich hatte einen Keiler

Der Keiler über der alten Müllkippe

im Alter von fünf bis sechs Jahren erlegt, der aufgebrochen 79 kg wog und Gewehrlängen von 21,6 und 21,8 cm hatte. Besonders glücklich war ich zusätzlich darüber, dass der Keiler nicht rauschig war und ich ihn mit meinem erlegten Stück Rotwild zu Wurst, Schinken und Fleischspezialitäten veredeln konnte. Am darauffolgenden Abend erlegte ein weiterer Mitjäger einen dreijährigen Keiler, der bereits ein Viertel von einer kleineren Weidefläche umgebrochen hatte, bevor ihn die Kugel des Jagdgastes verenden ließ.

Auch diese jagdlichen Erfolge wurden am nächsten Tag, wie es in unseren Kreisen üblich ist, in geselliger Runde gefeiert. Bei einer zünftigen Brotzeit am Lagerfeuer führten wir gute Gespräche, und so manche spannende Geschichte wurde bis zum Morgengrauen erzählt.

Skrupellose Wilderei

In der nächsten Woche sollte sich schlagartig alles im Revier ändern. Anwohner und auch ein Forstbeamter hatte nachts Schüsse in unserem Revier gehört, wie der Forstbeamte bekundete. Wir konnten es uns nicht erklären, und mein Jagdherr wollte unter keinen Umständen, dass dies an die Öffentlichkeit gelangte, und bat mich daher, mich in der Dämmerung und auch nachts im Revier aufzuhalten, um Gewissheit zu erhalten. Derlei kannte ich nur aus Heimatfilmen wie „Der Förster vom Silberwald" oder „Der Jäger vom Fall". Gesagt, getan. Sehr zum Unmut meiner Ehefrau und meiner Familie verbrachte ich die nächsten Wochen nach Feierabend meiner beruflichen Tätigkeit im Revier, was mir verständlicherweise viele Kräfte abverlangte, und so blieb es nicht aus, dass ich meist gegen Mitternacht einschlief.

Meine nächtliche Beaufsichtigung musste aber aufgefallen sein, denn es wurden keine weiteren Schüsse mehr wahrgenommen. Deshalb wurden die nächtlichen Kontrollen eingestellt. Ein paar Tage später fuhr ich gemeinsam mit meiner Familie durch das Jagdrevier, um nach dem Rechten zu sehen, als ich einen Fuchs, sich apathisch im Kreise drehend und schwankend, in einer Weide sah. Mit dem Fernglas konnte ich gut erkennen, dass er etwas um den Hals hängen hatte und auch schweißte. Bei meinen Revierfahrten nahm und nehme ich meistens eine kombinierte Jagdwaffe mit, und dies sollte sich auch hier als vorteilig erweisen. Als der Fuchs mich erblickte, zog er mit letzter Kraft in Richtung des nahe gelegenen Gehöftes, aber es war mir möglich, einen sicheren Schrotschuss anzubringen, ohne jemanden in der Nähe des Bauernhofes zu gefährden. Nachdem ich den Fuchs also von seinen Leiden befreien konnte und vor ihm stand, sah ich den Grund seines auffälligen Verhaltens: Er hatte eine Drahtschlinge um den Hals, die sich schon ungefähr einen Zentimeter tief in sein Muskelfleisch eingescheuert hatte. Die Wunde war bereits stark entzündet. Ihm musste es unter unvorstellbaren Schmerzen und Qualen gelungen sein, durch sein ständiges Ziehen und Drehen an der Drahtschlinge eine Bruchstelle zu erzeugen und sich so zu befreien. Dabei hatte sich jedoch die Drahtschlinge tief in seinen Hals eingeschnitten. Ein furchtbarer Anblick! Der aber auch ganz klar zeigt, welch skrupellose, respektlose und vor allem kriminelle Energie in Personen steckt, die zu Derartigem fähig sind.

Und selbst nach diesem Vorfall wollte mein damaliger Jagdherr nicht, dass die Polizei informiert wurde – um keinen Preis sollte die Sache an die Öffentlichkeit gelangen. Und so patrouillierte ich in der nächsten Zeit weiterhin im Revier, in der Hoffnung, den Schurken zu erwischen. In den nächsten Wochen und Monaten ereignete sich zum Glück kein weiterer

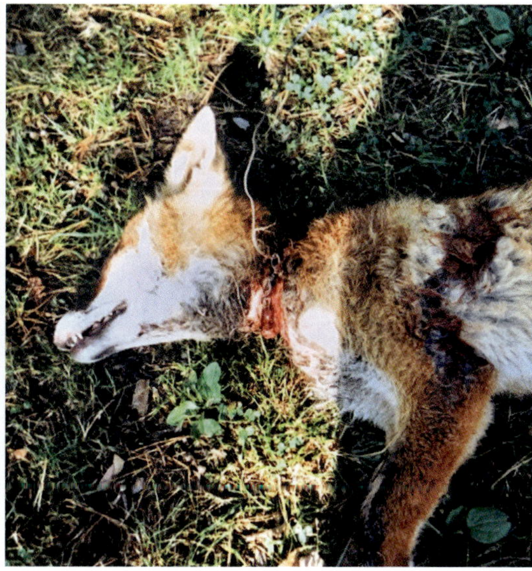

Das Werk eines Wilderers: Kleinkaliber-Kugel in Hirschgeweihstange und die Drahtschlinge um den Hals des Fuchses

Vorfall. Mein Jagdfreund Heinz hatte aber dafür gesorgt, dass es sich innerhalb des Ortes herumsprach, und an den „entsprechenden Stellen" mitgeteilt, dass die Kripo in den folgenden Monaten zusätzlich mit Nachtsichtgeräten kontrollieren würde. Diese „Kundgebung" verfehlte ihre Wirkung nicht! Wir waren damals der Überzeugung, dass es sich bei dem Täter um einen Einheimischen handeln musste, und das wirklich Interessante war, dass kurze Zeit später ein sehr oft im Revier gesehener, neu zugezogener Dorfbewohner wieder weggezogen ist.

Danach ist bis zum heutigen Tage kein weiterer Fall von Wilderei bekannt geworden, aber der Fund eines jungen verendeten Hirsches sollte uns nochmal an die Wilderei erinnern: Rund drei Monate später fand ich bei der Revierbegehung einen verluderten Hirsch, von dem nur noch das Haupt mit seinem Sechsergeweih, ein paar Knochen und Haarreste übrig waren. Die Sauen und das Raubwild hatten nicht mehr viel von ihm übriggelassen, auch das Nasenbein fehlte. Ich nahm das stark verschmutzte Haupt mit dem Geweih mit nach Hause. Dort angekommen, sägte ich die Geweihstangen von dem zerbrochenen Schädel des Hirsches ab. Beim Säubern der Geweihstangen stellte ich an der rechten Stange eine Verknöcherung fest. Als ich dann mit meinem Fingernagel über diese Stelle kratzte, traute ich meinen Augen kaum. Dort steckte eine Bleikugel, die leicht mit dem Knochengewebe umwuchert war – ein Kleinkalibergeschoss im Kaliber 22 lfB!

Dieser Hirsch musste in der Bastzeit beschossen worden sein, als das Geweih sich noch im Knochenwachstum befunden hatte und die Stangen noch weich gewesen waren. Denn das Geschoss war leicht umwuchert, und eine verfegte Geweihstange wäre durch das Geschoss zersplittert worden. Das konnte nur das Werk eines Wilderers gewesen sein, der versucht hatte, dem Hirsch mit dem Kleinkaliber in den Kopf zu schießen. Warum der Hirsch jedoch verluderte, ließ sich leider nicht mehr feststellen. Ein halbes Jahr später musste ich berufsbedingt in ein anderes Bundesland ziehen und diesem Jagdrevier mit den dazugewonnenen Jagdfreunden Adieu sagen. Leider konnte ich auch Heinz in den kommenden Jahren nur noch einmal besuchen, ehe er von uns ging.

Im Feldrevier

Beruflich hatte es mich für zwei Jahre in den Norden Deutschlands verschlagen, genauer gesagt nach Oldenburg. Nur ab und an, wenn ich an den Wochenendbesuchen zu Hause nichts mit meiner Familie unternahm, konnte ich bei einem Jagdfreund zur Jagd gehen. In den zwei Jahren kam es höchstens zehnmal vor, dass ich zur Pirsch ging. Der Wald und das Weidwerken fehlten mir sehr, aber so schwer es mir auch manches Mal gefallen ist, Beruf und Familie hatten und haben für mich stets erste Priorität. Nachdem ich später beruflich wieder in meiner alten Heimat Fuß fassen konnte, dauerte es auch gar nicht lange, und ich bekam wieder Einladungen zu verschieden Jagdarten. Dies stimmte mich sehr glücklich, denn seine Jagdleidenschaft über einen längeren Zeitpunkt zurückzustellen, ist wahrlich weder einfach noch angenehm für uns Jäger und Jägerinnen.

Beim alljährlichen Einschießen der Jagdwaffen traf ich einen älteren Jäger, der nicht weit von meinem allerersten Pirschbezirk entfernt ein ca. 500 Hektar großes Feldrevier gepachtet hatte. Inmitten seines Feldreviers gab es ein Waldstück mit einem alten Buchen- und Eichenbestand, Fichten- und Douglasiendickungen, großen Brombeer- und Ginsterflächen, einem Bachlauf, einigen Suhlen und vielen Schwarzdornhecken. Dort waren die Einstände von Sauen, und das Rotwild wechselte regelmäßig aus den angrenzenden Rotwildrevieren durch diese einzeln stehende Waldfläche und stellte sich bei Ruhe auch immer wieder dort ein. Es war ein wahrer Magnet inmitten der großen, landwirtschaftlich bewirtschafteten Feldflächen mit ihrem Mais, Weizen, Raps, den Zuckerrüben und dem Haferanbau. Dort, so versicherte mir der alte Jäger, könne man aus dem Vollen schöpfen, man müsse nur regelmäßig jagen gehen und das Jagdrevier ordentlich betreuen. All das klang wie Musik in meinen Ohren, und ich verabredete mich mit ihm für den nächsten Samstagmorgen.

Bei unserem ersten Treffen teilte er mir mit, dass er mit seinem Sohn gemeinsam das Revier bejagte, aber dieser aufgrund ihres gut florierenden Familienunternehmens für die Jagd kaum Zeit habe. Und er selbst konnte wegen seines höheren Lebensalters mittlerweile auch keine Bäume mehr ausreißen. Er würde sich sehr freuen, wenn ihm ein junger und passionierter Jäger hin und wieder bei anfallenden Revierarbeiten – und natürlich auch in Sachen Jagd – unterstützen würde. Nachdem ich gemeinsam mit ihm das Jagdrevier besichtigt hatte, sagte ich ihm zu.

Ich nahm das Waldstück natürlich umgehend genauer unter die Lupe und war verblüfft, welche Wildbewegung von den Fern- und Hauptwechseln hindurchführten und generell vorhanden war. Die Suhlen wurden für das Wild attraktiver gestaltet, Salzlecken und Ansitzleitern wurden errichtet, Kanzeln freigeschnitten und repariert. Ganz besonders fiel mir eine alte, in die Jahre gekommene, zwei Meter hohe Kanzel auf. Sie stand unterhalb eines Forstkulturgatters, in dem sich Jungfichten befanden, und oberhalb eines Brombeer- und Schwarzdornkomplexes. Da diese alte Kanzel außerhalb der Hauptwindrichtung und direkt am Waldrand zur Feldgemarkung stand, war sie aus jagdlicher Sicht perfekt. Nachdem ich sie mir genauer angesehen hatte, war der Entschluss gefasst: Ich wollte die Kanzel wieder nutzbar machen. Ich konnte gar nicht verstehen, warum man sie an so einem guten Platz außer Acht gelassen hatte! Das Forstgatter wies einige Lücken im Zaun auf und dort hatten sich bereits das Rehwild und die Sauen eingestellt, aber das schien den damals zuständigen Forstbeamten nicht sonderlich zu stören.

Nachdem ich insgesamt vier Wochen mit Revierarbeiten zugebracht hatte, bekam ich einen mehrjährigen Bock von meinem neuen Jagdherrn freigegeben. Ich bat ihn darum, an der jüngst von mir reparierten Kanzel erst einmal Ruhe einkehren zu lassen, im Bestfall zwei bis drei Wochen – immerhin hatte ich durch meine Revierarbeiten Störungen verursacht. Er stimmte mir zu.

Mein bisher ältester Bock

Am folgenden Wochenende fuhr ich zum ersten Mal wieder ins Revier, um nach einem passenden Bock zu sehen. Als ich mich am Anfang des Jagdreviers befand, konnte ich einen Bock über einen Hügel in Richtung Dorf ziehen sehen. Mir fiel aber sofort auf, dass er seinen linken Vorderlauf schonte. Der Bock verhoffte für einen kurzen Moment auf dem Hügel unter den großen Apfel- und Birnbäumen, und somit konnte ich ihn mit meinem Spektiv vom Auto aus genauer ansprechen: Er hatte ein leicht abnormes Gehörn mit starken Dachrosen und einer komplett grauen Maske. Es war ein sehr alter Bock, und sein linker Vorderlauf war oberhalb des Kniegelenkes stark geschwollen, was ich mit meinem Spektiv genau erkennen konnte. Vor kurzer Zeit hatte ich mir ein Handy zugelegt, mein erstes überhaupt. Mit neuer Technik ausgestattet, rief ich also meinen Jagdherrn augenblicklich zu Hause an. Nachdem ich ihm alles über den Bock geschildert hatte, gab er ihn mir sofort frei, es handelte sich schließlich um einen Hegeabschuss, und aufgrund der Verletzung sollte sofort gehandelt werden. Der Bock zog inzwischen weiter in Richtung Dorf, und wegen des nicht vorhandenen Kugelfangs war ein Schuss in doppelter Hinsicht nicht möglich. Ich fuhr mit meinem PKW zum Ortsrand und pirschte direkt an der Grenze eines Bauernhofes entlang. Dann erst bekam ich den Bock erneut in Anblick. Er befand sich auf einem Obstbaumhügel, also gut 400 Meter oberhalb von mir, und äste von den Himbeersträuchern, die dort in großer Menge gediehen. Als er langsam in Richtung Reviermitte zog, pirschte ich ihm hinterher, und es gelang mir – auf dem Bauch robbend – bis auf 100 Meter an ihn heranzukommen. Aber noch immer war kein Kugelfang vorhanden, und so verging rund eine weitere halbe Stunde, bis er vor einem Erdhügel entlangzog. Immer noch auf dem Bauch robbend, verfolgte ich ihn. Und als ich geschätzte 80 Meter von ihm entfernt war, strich ich an einem Weidepfosten meine Waffe an und bekam ihn durch meinen Pfiff zum Stehen. Die Kugel im Kaliber 7 x 65 aus meinem Drilling ließ ihn sofort verenden. Was für eine spannende Pirsch das mal wieder war! Und diesmal hielt es mich auch höchstens drei Minuten an meinem Platz, bevor ich zu ihm schritt.

Der kranke Bock vom Obstbaumhügel

Bei ihm angekommen, glücklich über das sofortige Verenden des Bockes und den gut platzierten Schuss, nahm ich einen Bock in Besitz, der bis heute einer meiner ältesten ist. Er hatte eine alte, jedoch stark entzündete, eitrige, leicht schweißende und zudem verknöcherte Fraktur am oberen linken Lauf.

Sein Alter schätzten wir auf neun Jahre oder sogar älter. Die Verletzung könnte durch die nahe gelegene Bundesstraße bei einem Autounfall entstanden sein, und sein leicht abnormes Gehörn resultierte sicher daraus, dass er diese alte Verletzung mit sich trug. Leider konnte ich sein Wildbret nicht verwerten, da auch seine Organe für den Verzehr bedenkliche Merkmale aufwiesen. Also blieb mir nichts anderes übrig, als sein Wildbret zu entsorgen.

Jagdneid

Der Weizen stand prächtig, und kurz darauf gingen die Sauen nachts wieder zu Schaden, was meinen Jagdherrn sehr grimmig werden ließ, denn ausgerechnet dieser große Weizenschlag gehörte einem Landwirt, mit dem er bezüglich des Wildschadens nie übereinkam. Auch der herbeigeholte Wildschadenschätzer hatte keine leichte Aufgabe beim Vermitteln zwischen den Parteien. So bekam ich schließlich mit einem Anruf die Bitte angetragen, mich intensiv der Bejagung der dortigen Sauen anzunehmen, damit weiterer Wildschaden – hoffentlich – verhindert werden könne.

Glücklicherweise war es vier Tage vor Vollmond, und so stellten wir noch schnell zwei fahrbare Kanzeln an erfolgversprechenden Stellen auf, wo die Sauen von Wald und Rapsfeld her in den Weizen einwechselten. Diesmal wollte sich auch der Sohn meines Jagdherrn beteiligen und so saßen wir an diesem Abend zu viert an, denn auch mein früherer Nachbar Lars wollte gerne wieder einmal mit mir zur Jagd gehen. Und letztlich hatte ich noch immer die Hoffnung, dass er vielleicht doch noch den Jagdschein erwerben würde. Irgendwann. Es war ein herrlicher warmer Abend, am Nachmittag hatte es einen kurzen Regenschauer gegeben, alles roch nun nach den Pflanzen, die auf den Ackerflächen standen, und ganz besonders duftete es nach Wildblumen und Wiesenkräutern. Hier und dort stiegen ein paar Dunstwolken auf, ehe es aufklarte und die Sonne langsam im Westen versank.

Im ganzen Feld war Wildbewegung zu beobachten. Rehgeißen zogen mit ihren Kitzen in die saftigen Kleewiesen neben dem Bach, Hasen ästen die verschiedenen Wildkräuter und Wildblumen am Wegesrand, und auch ein paar Weißstörche suchten in einer feuchten Wiese nach Fröschen und anderem Getier. Einer von ihnen war besonders erfolgreich: Ich konnte beobachten, wie er mehrere Mäuse in der vor ein paar Tagen gemähten Wiese erbeutete und gierig verschlang. Im nächsten Dorf hatten die Störche ein Nest mit drei Jungen, die aufgrund ihrer erfolgreichen Eltern sicherlich keinen Hunger leiden mussten. Auch ein roter Milan kreiste über den

Große Getreideschläge und Futterwiesen sowie großflächige Extensivierungsflächen mit Sonnenblumenfeldern und Wildäckern

Weideflächen; es dauerte gar nicht lange, bis er von den Krähen, die ihre Nester in den Pappeln am Bachufer hatten, angegriffen wurde. Es ist immer wieder erstaunlich, mit welchen sogenannten Hassangriffen sich ein Krähenvolk auf verschiede Greifvögel stürzt und diese regelrecht attackiert.

So wie diesen beachtlich großen roten Milan, dem es aber offenkundig schnell zu bunt wurde, sodass er das Weite suchte.

Am Waldrand polterte ein älterer Bock aus dem Bestand und machte dem im Weizen stehenden Jährling klar, wer hier das Sagen hatte. Es war mal wieder ein erlebnisreicher früher Ansitzabend, wie er abwechslungsreicher kaum hätte sein können. Mittlerweile dämmerte es schon – doch was war das nun?! Die Lichter des PKW meines Jagdherrn wurden angeschaltet, und dann sah ich ihn wegfahren. Sicherlich hatte er, der an starkem Rheuma litt, große Schmerzen und hatte sich zum Aufbruch entschieden.

Nun saßen also nur noch der Juniorpächter, Lars und ich am Weizen. Wir saßen uns in einer Entfernung von etwa 200 Metern gegenüber. Der Juniorpächter konnte den Wechsel vom Wald her bis zum Weizenfeld gut einsehen, Lars und ich den Fernwechsel, von wo die Sauen aus dem in der Nähe stehenden Raps in den Weizen wechselten. Der Wind kam seitlich und beständig von Westen und passte für uns beide bestens, sofern die Sauen auch ihre Wechsel einhielten. Es war kurz vor Mitternacht und das Licht des Mondes reichte bereits für das Ansprechen sowie für eine sichere Schussabgabe aus.

Plötzlich kamen wie aus dem Nichts drei Feisthirsche aus dem Wald gezogen. Ein Spießer, ein Achter und ein Kronenhirsch. Der Juniorpächter hatte einen Hirsch der Klasse III frei und, ich rechnete damit, dass er die Hirsche genauso sicher ansprechen konnte wie ich und er den Achterhirsch sicherlich würde erlegen wollen. Die Hirsche ästen genüsslich an den Weizenähren, und auch in den nächsten 25 Minuten blieb alles sehr ruhig. Meine Vermutung war schließlich, dass der Juniorpächter wohl eingeschlafen war. Die beiden Hirsche standen näher an seinem Ansitz als an unserem. Nachdem sie ihre Pansen schon reichlich gefüllt hatten, zogen sie in Richtung Feld und wollten sich gewiss noch den dort stehenden Hafer schmecken lassen. Nach einer Viertelstunde waren sie verschwunden. Die Kirchenuhr im angrenzenden Dorf schlug eins, und ich würde noch maximal eine Stunde ansitzen. Zugleich wunderte ich mich über das „Sitzfleisch" von Lars. Als ich das nächste Mal mit dem Fernglas zur Kanzel unseres Jagdgenossen schaute, konnte ich den roten Glutstängel seiner Zigarette erkennen.

Das erste Lebenszeichen seit ein paar Stunden! „Wie wird er sich ärgern, wenn ich ihm von seiner verpassten Chance erzähle", dachte ich. Kaum hatte ich diesen Gedanken zu Ende gedacht, hörte ich das Quieken von Frischlingen und sah eine Rotte von 13 Sauen vom Feld aus kommend in den Weizen wechseln. Zwei starke Bachen mit ihren Frischlingen. An einen sicheren Schuss vor dem Einwechseln in den Weizen war nicht zu denken, da sie in einem flotten Troll zielstrebig den Weizenschlag anwechselten. Dann begann die große Sauerei – ich hoffte, dass ein Kujel (das ist eine alte Bezeichnung für einen Frischling) in den bereits umgetretenen Weizen wechseln würde, damit ich eine sichere und saubere Kugel antragen konnte. Aber diesen Gefallen tat mir keiner der ca. 15–20 kg schweren Frischlinge. Weil ich nicht allein jagte, war an ein Angehen der Sauen nicht zu denken, was ich im Vorfeld schon bedauert hatte, und nun ergab sich genau diese Situation!

Keine fünf Minuten später zog eine einzelne starke Sau, die zügig aus dem Wald kam, in Richtung der Rotte. Lars hatte sie als Erster gesehen und flüsterte mir seine Entdeckung sofort ins Ohr. Ungefähr zehn Meter vor der Rotte verhoffte die Sau rechts von uns an einer Stelle, an der der Weizen bereits flach auf den Boden gedrückt war, und so konnte ich das Stück als einen Keiler ansprechen. Im allernächsten Moment hatte ich meine Büchse bereits im Anschlag und wollte das Absehen auf dem Blatt platzieren. Doch ich kam nicht mehr dazu. Ein Schuss brach aus der Richtung des Juniorpächters, der aus einer Entfernung von 150 Metern jetzt diesen Keiler direkt vor mir beschoss! Alle Sauen spritzten förmlich aus dem Weizen, und auch der Keiler verließ in hoher Flucht das Weizenfeld. Die Bühne war leer und Lars und ich sprachlos.

Nun, liebe Leserinnen und Leser, auch das gibt es auf der Jagd, und ich möchte es aus gutem Grund nicht verschweigen: Zum ersten Mal machte ich an jenem Tag Bekanntschaft mit dem Jagdneid – dies machte mich traurig und auch fassungslos.

Die Kontrollsuche ergab einen klaren Fehlschuss, da der Schweißhundeführer keine Schusszeichen oder die Bestätigung eines Treffers gefunden hatte. Das folgende Gespräch mit meinem Jagdherrn und seinem Sohn verlief dementsprechend emotional, und ich war kurz davor, meinen Begehungsschein zurückzugeben. Weil mein Jagdherr aber eine weidgerechte und kameradschaftliche Einstellung zur Jagd hatte, wollte ich ihn nicht allein lassen – und so jagte ich, wenn auch nicht mehr so unbefangen wie zuvor, dort weiter.

Unerwartete Keilererlegungen

Der September kam, und die Hirschbrunft begann allmählich. Aus dem Nachbarrevier waren bereits die ersten Rufe der Hirsche zu hören. Ich fährtete die letzten beiden Wochen immer wieder Rotwild und hatte auch einige Male, wenn auch bei schlechtem Licht, Rotwild durchziehen sehen. Seit ich jage, gehe ich am liebsten morgens zur Jagd, und so saß ich Mitte September an der Feldgrenze zum Hochwald hin auf einer Leiter an. An diesem Morgen war es etwas nebelig und kalt, sogar der erste Raureif lag auf den Wiesen, und die Hirsche meldeten aus den umliegenden Wäldern der Nachbarreviere.

Im Feld vor mir schreckte das Rehwild, sicherlich waren Sauen unterwegs, und gegen 7:30 Uhr wechselte eine einzelne starke Sau vom Bach unterhalb meiner Leiter direkt auf mich zu. Ich konnte sofort erkennen, dass es sich um einen Keiler handelte, und blitzartig flog meine Repetierbüchse an die Schulter, aber die Sau war bereits in meinen Wind gewechselt, suchte nur noch ihr Heil in der Flucht und verschwand im Hochwald.

Am nächsten Tag legte ich unweit dieser Stelle eine Kirrung mit einer Salzlecke und einem mit Buchenholzteer bestrichenen Malbaum an. Drei Tage später stand die starke Fährte des Keilers frisch um den Baum. Entlang des Bachlaufes konnte ich in Richtung Fichtenkulturgatter seine Fährte abermals bestätigen. Hier wechselte er also entlang – und lag wahrscheinlich in der Dickung oder in der darüberliegenden Brombeer- und Ginsterfläche. Dort war es ruhig, und es verirrte sich auch kein Spaziergänger dorthin, und so ließ ich erst einmal wieder für einige Zeit Ruhe einkehren, kirrte aber regelmäßig weiter. Beständig fand ich seine Fährte, und ich beschloss, nach Rücksprache mit meinem Jagdherrn, mich dort bei passendem Wind anzusetzen. Er selbst wollte nicht mehr auf die alte und unbequeme Kanzel gehen und ließ mir gerne den Vortritt.

Am nächsten Samstag saß ich also bei noch währender Dunkelheit an besagter Stelle. Die Zeichen standen gut, und so harrte ich der Dinge, die da kommen würden. Sobald es hell wurde, wechselte auch gleich ein starker Fuchsrüde zur Kirrung. Ich pardonierte ihn, schließlich wollte ich mir die Chance auf Schwarzwild nicht verderben, und diese Entscheidung war gut und richtig. An diesem Morgen war es sehr ruhig im Bestand, und nur aus Richtung Feld hörte ich ab und an Rehwild schrecken. Waren wieder Sauen unterwegs? Gegen 7:40 Uhr wechselte ein einzelnes starkes Stück Schwarzwild oberhalb von mir vom Hochwald herkommend direkt auf mich zu. Es war der Keiler! Mein Puls wurde von Sekunde zu Sekunde höher, und meine Atmung stockte. Längst hatte ich die Büchse im Anschlag und den Keiler im Absehen stehen. Ich wollte ihm keine Kugel von vorne auf den Stich antragen, aber er kam immer näher, ohne zu verhoffen. Als er sich vielleicht nur noch 40 Meter vor meiner Kanzel befand, ahmte ich ein schreckendes Reh nach, und just in diesem Augenblick verhoffte er und dreht nach rechts ab. Das Absehen stand auf seinem Blatt und die Kugel quittierte er hörbar mit einem tiefen, schnaubenden Ton, er brach augenblicklich zusammen und verendete sogleich. Ich zitterte nun am ganzen Körper – so intensiv wie jetzt hatte mich das Jagdfieber noch nie gepackt. Dort lag er, mein Keiler, keine 40 Meter von mir entfernt. Es

Der missgönnte Keiler

dauerte eine ganze Weile, bis ich nicht mehr zitterte und ruhiger wurde. Und dann stand ich endlich vor ihm!

Es war ein bewegendes Gefühl, immer wieder. Noch eine gute Stunde saß ich an diesem Herbstmorgen neben ihm und dachte an all die Erlebnisse, die ich bis dahin auf der Schwarzwildjagd hatte erfahren dürfen. Ich war einfach nur glücklich, wieder einmal einen starken Keiler erlegt haben zu können. Er wog aufgebrochen 97,5 kg und hatte das geschätzte Alter von fünf Jahren. Mein Jagdherr sprach mir sein herzliches Weidmannsheil aus und freute sich ebenso wie ich. Sein Sohn schaffte es aus Zeitgründen nicht, am Abend mit meinen anderen Jagdfreunden und mir gemeinsam einen guten Tropfen Wein zu trinken und ein wenig mit uns zu plaudern.

Da die Chemie in dieser Dreier-Jagdkonstellation auch weiterhin nicht stimmte, beschloss ich schweren Herzens, neue jagdliche Wege zu gehen.

Der Feuerwehrsirenen-Keiler

Die ersten Drückjagdtermine standen an, und so freute ich mich dieses Jahr ganz besonders über die Einladung eines Jagdpächters des hessischen Hinterlandes. Dieses Jagdrevier war ein reines Waldrevier mit einem hohen Bestand an Schwarzwild, Muffelwild und Rehwild, und auch der Luchs war bereits zweimal bestätigt worden.

Ich glaube, dass es nicht nur mir so geht, sondern allen Weidkameraden, wenn ein Drückjagdtermin ansteht: Schon Tage zuvor ist man voller Vorfreude und Spannung. Man trifft viele Jäger, die man lange nicht gesehen hat, es werden spannende jagdliche Erlebnisse ausgetauscht, und jeder freut sich auf das gemeinsame Treiben und die damit verbundenen neuen Erlebnissen und Eindrücke.

Es war für die meisten dort anwesenden Schützen, Hundeführer und Treiber die erste Drückjagd der Saison, und dementsprechend gut war die Stimmung bei dieser Hubertusjagd Anfang November. Die Jagdgesellschaft bestand aus 45 Schützen, zehn Hundeführern bzw. Durchgehschützen und elf passionierten Treibern. Das Interessante an dieser Drückjagd war die Wahl und Einteilung der jeweiligen Schützenstände, wie ich sie bis heute nicht mehr derart organisiert gesehen habe. Nachdem jeder Schütze nach der Ansprache des Jagdleiters seinem Gruppenführer zugewiesen war, wurde die jeweilige Schützengruppe (maximal acht bis neun Personen) mit einem geeigneten Revierfahrzeug (Geländewagen mit großem Anhänger) vom Gruppenführer zu den Schützenständen gebracht. Das Besondere war, dass die Schützen auf dem Transportanhänger bei der Ankunft an jedem Stand gefragt wurden, wer diesen Drückjagdstand gerne besetzen mochte. Auf den einen oder anderen wirkte dieses Vorgehen befremdlich – wahrscheinlich deshalb, weil es neu und ungewohnt war.

Einer dieser Stände lag ca. 400 Meter von der nächsten dicht besiedelten Wohnsiedlung entfernt. Auf die Frage des Jagdaufsehers/Gruppenführers, wer diesen Stand denn nun einnehmen wollte, folgte tiefes Schweigen – selbst nach zweimaligem Fragen. Während der Stille schaute ich mich kurz um und sah, dass sich in den Weiden, die oberhalb der Wohnhäuser lagen, Stellen befanden, in denen die Sauen frisch gebrochen hatten. Keine 100 Meter daneben in Richtung Hochwald befand sich ein ca. 600 m^2 großer Ginster- und Brombeerschlag, und so kam es mir in den Sinn, dass dieser Stand sicherlich aus gutem Grunde ausgewählt worden war und die Zeichen trotz der Nähe zum Dorf positiv standen. Ich meldete mich daraufhin beim Gruppenführer, diesen Stand gerne besetzen zu wollen. Nachdem mich der Jagdaufseher bezüglich der Schussfolge und Sicherheitsbestimmungen noch einmal ganz genau informiert hatte, gratulierte er mir in einem kurzen, sehr leisen Gespräch zu meiner guten Wahl; er verstünde nicht, wieso die anderen Jäger sich nicht dafür interessierten, denn hier steckten die Sauen sehr oft.

Als ich von den Weidkameraden und dem Jagaufseher mit einem Weidmannsheil verabschiedet wurde, rief Letzterer mich plötzlich lautstark zum Fahrzeug zurück. Er drückte mir einen uralten Kälberstrick in die Hand und sagte zu mir: „Den wirst du brauchen!" Lächelnd und dankbar für seine motivierenden Worte nahm ich den starken, geflochtenen, aber auch abgenutzten Kälberstrick entgegen. Abschließend teilte er mir noch mit, dass er mit diesem Strick bereits über zwanzig Kälber seiner eigenen gezüchteten Rinderrasse auf die Welt geholt habe und außerdem bestimmt über siebzig Sauen geborgen habe. „Vielleicht wird er auch mir Glück bringen", dachte ich. Und so zogen die anderen weiter, um an ihre Schützenstände gebracht zu werden.

Diese Drückjagd bestand aufgrund der vorherigen positiven Erfahrungswerte aus einem Treiben für die gesamte Jagdzeit von 10:00 bis 14:30 Uhr und einer Aufbrechpause von 12:00 bis 12:30 Uhr. Inzwischen war die Zeit vorgerückt, es war bereits 14:00 Uhr, und mir war – bis auf ein einzelnes Stück Rehwild – kein weiteres Wild in Anblick gekommen, aber ich langweilte mich dennoch keineswegs. Umliegend fielen viele Schüsse, zwischendurch aß ich in gewohnter Weise meine mit Wildschweinmettwurst belegten Brotstullen, trank von meinem warmen Tee und rauchte genüsslich meine Pfeife mit dem Tabak aus dem Fundus meines Großvaters. Des Weiteren schaute ich in dieser Zeit einem älteren Ehepaar, das am Ortsrand einen eingefriedeten Gemüsegarten bewirtschaftete, hin und wieder mit dem Fernglas zu. Sie ließen es sich gut gehen, indem sie sich ein Lagerfeuer auf ihrem Grundstück anzündeten und etwas Essbares in einer großen Eisenpfanne zubereiteten.

Just erklang ein Stöberlaut in unmittelbarer Nähe, und kurz darauf lief ein Deutscher Wachtelhund mit Warnweste zu mir hin. Er war völlig erschöpft, aber bis zum Schluss immer noch jagend und – für Wachtelhunde absolut typisch! – voller Stöberpassion. Ich gab ihm meine letzte Stulle und den Rest meines Mineralwassers, das er bis auf den letzten Tropfen aus meiner Brotdose zu sich nahm. Als Nächstes nahm ich den alten Kälberstrick und band diesen fleißigen Jagdhelfer, Gefährten und unverzichtbaren Gehilfen und Freund des Jägers an einen Weidepfosten vor mir, woraufhin er sich behaglich auf meine Ansitzdecke legte. In zehn Minuten würde es 14:30 Uhr sein, und damit war „Hahn in Ruh und Jagd vorbei". Doch plötzlich erklang in nächster Nähe die Feuerwehrsirene des Dorfes. Ihre Klänge waren ohrenbetäubend, und meinem neuen vierbeinigen Freund fiel nichts anderes ein, als in der Manier des Grauhundes mitzuheulen.

Auch der Wind hatte merklich gedreht, sodass er nun von mir direkt auf die Ginster- und Brombeerhecke zog und folgendes Szenario in Gang setzte: Nachdem die Sirenen nach der dritten und letzten Arie verstummten, brach ein grauer Borstenkoloss aus der Brombeerfläche. Ich sah im nächsten Moment einen starken Schwarzkittel in scharfem Troll über die 20 Meter breite Freifläche in Richtung Hochwald wechseln. Zwischen ihm und mir waren keine 60 Meter, und bevor der Hochwald mit seinem alten, imposanten Baumbestand ihn verschlang, ereilte ihn die Kugel aus meiner Repetierbüchse im Kaliber 30/06.

Nach meinem Schuss wollte sich der Deutsche Wachtelhund, der, wie ich später erfuhr, einem Forstbeamten zugehörig war, gar nicht mehr beruhigen lassen. Nun war es exakt 14:30 Uhr, und ich wartete weitere zehn Minuten, bevor ich zum Anschuss des Keilers ging. Alles war so rasend schnell geschehen, und nach dem Schuss hatte ich den Keiler nicht mehr sehen können. Ich redete beruhigend auf den Hund ein, was seine und auch meine Aufregung milderte. Aber dann hielt mich doch nichts mehr auf meinem Stand, und ich machte mich auf den Weg zum Anschuss. Tiefe Eingriffe waren eindeutig zu erkennen, aber kein Schweiß oder Schnitthaar waren zu finden. Ich war mir über das Abkommen eines guten Schusses sehr sicher, und so setzte ich den Wachtelhund am Anschuss an, denn meinen Rauhaardackel Sam hatte ich diesmal nicht dabei, er war verletzt und musste im Auto warten.

Der Wachtelhund, den ich am Kälberstrick führte, verwies mir nach ungefähr acht Metern zielstrebig, mit tiefer Nase und ganz ruhig den ersten Lungenschweiß. Vor kurzem erst hatte ein Harvester die Freifläche abgeholzt, und die schwere Maschine hatte eine ca. 80 cm tiefe Fahrspur und an einer Stelle sogar eine noch tiefere Fahrrinne hinterlassen. Und in genau dieser tiefen Fahrrinne lag der Keiler. Im ersten Moment des Anblicks war ich sprachlos, lobte den Hund und ließ ihn als Belohnung für einen kurzen Moment den Keiler in seine dicke Schwarte zwicken. Vor mir lag ein wahrlich grobes Schwein. Ich war überglücklich und schmunzelte, als ich mich des Kälberstricks und der Worte meines Anstellers erinnerte. Erst jetzt registrierte ich langsam, welches Weidmannsheil mir da beschieden war und welche Situation mir dieses Glück beschert hatte.

Der Waldboden und vor allem der Waldweg waren durch den Regen der letzten Tage noch so nass und wie ein Schwamm mit Wasser getränkt, dass es mir allein überhaupt nicht möglich war, auf dem rutschigen und glatten Untergrund den Keiler aus der tiefen Mulde herauszuziehen. Daher wartete ich darauf, dass der Ansteller mich wieder abholen würde; denn mit vereinten Kräften würden wir den Keiler mit dem Kälberstrick bergen können.

Nach einer guten Dreiviertelstunde kam mein Gruppenführer mit den vor mir eingesammelten Schützen am Ort des Geschehens an. Ich wünschte, ich hätte die Gesichtsausdrücke der anderen Schützen, die diesen Drückjagdstand vorher nicht hatten besetzen wollten, in Bildern festhalten können! Der Jagdaufseher, der, wie ich später erfuhr, übrigens Willi hieß, riss seine Arme hoch und rief – erneut lautstark – zu mir herüber: „Junge, was habe ich dir gesagt? Der Kälberstrick bringt Glück!"

Mit einer herzlichen Umarmung sprach er mir sein Weidmannsheil aus. Die anderen Jäger, die inzwischen vor dem Keiler standen, taten es ihm gleich, allerdings nur sehr zögerlich und äußerst verhalten.

Der Feuerwehrsirenen-Keiler – Sam bewacht den gelüfteten Keiler

Die Bergung gestaltete sich anspruchsvoll, und nach derselbigen und der Versorgung meines Keilers sah ich selbst fast aus wie ein Stück Schwarzwild, das gerade aus der Suhle kommt. Aufgebrochen wog der Keiler 110 kg, und aufgrund seiner starken Waffen und dem Abschliff seiner Backenzähne wurde er auf ein Alter von acht oder neun Jahren geschätzt. An diesem Tag wurden 28 Stück Schwarzwild erlegt, und bis zu diesem Zeitpunkt konnte sich keiner der Jäger daran erinnern, dass in diesem Revier je zuvor ein so alter und starker Keiler erlegt worden war. Glücklicherweise war er nicht rauschig, und so konnte ich nach seiner Erwerbung schmackhafte Schinken und viele Mettwürste herstellen.

Das Keilerrevier

Der Jagdaufseher eines Jagdreviers, das im Nachbarort meines Heimatortes lag, war bei einer seiner Reviertätigkeiten plötzlich und unerwartet verstorben.

Ich hatte mich eines Jungjägerjägeranwärters, der sich erst kurze Zeit in der Jungjägerausbildung befand, angenommen, um ihm nach bestem Wissen und Gewissen bei seiner bevorstehenden Jägerprüfung zu helfen. Er war der Neffe des verstorbenen Jagdaufsehers, der bis zu seinem Tod auch sein Lehrprinz war. Nun war ein neuer Lehrprinz vonnöten, und so bekam ich seinen Anruf mit der Bitte, ob ich diese Aufgabe übernehmen würde. Ich sagte zu und freute mich, ihm weiterhelfen zu können.

Nachdem ich ihn bereits ein paar Wochen unter meiner Obhut hatte, bekam ich an einem Dienstagabend zu später Stunde einen weiteren Anruf seinerseits. Er teilte mir mit, dass er den Jagdpächter/Jagdherrn seines verstorbenen Onkels nach dessen Beisetzung getroffen habe und dieser einen erfahren Jagdrevier-Betreuer suche. Er fragte mich hoffnungsvoll, ob ich vielleicht Interesse daran hätte, die Revierbetreuung zu übernehmen, er würde mich auch tatkräftig dabei unterstützen. Eine Woche später traf ich mich mit dem besagten Jagdrevierpächter, und ich darf sagen, dass ich keinen weidgerechteren, großzügigeren und ehrenwerteren Jagdherrn hätte bekommen können. Somit begann eine über Jahre währende kameradschaftliche, spannende und erlebnisreiche neue Jagdperiode für mich.

Revierverbesserungen

Dieses Jagdrevier hatte eine Fläche von 420 Hektar mit einem Waldanteil von ca. 40 Prozent und einem Feldanteil von ca. 60 Prozent. Die landwirtschaftlich genutzten Flächen bestanden aus ca. 80 Prozent Weide- und Grasflächen, auf den restlichen Flächen wurden Hafer und Gerste angebaut. An Wildarten kamen hier Rehwild, Hasen, Wildkatze, Uhu, Rebhuhn und Raubwild vor, und ab und an zogen auch die Sauen hier ihre Fährten und steckten nur vereinzelt in den Schwarzdornhecken, da sie ihre Haupteinstände in den benachbarten Jagdrevieren hatten. Mein Jagdherr und dessen Ehefrau, die auch eine passionierte Jägerin und gute Schützin war, wohnten 130 km vom Jagdrevier entfernt, und somit gab er mir volle Handlungsbefugnis und freie Hand, damit ich sein sehr schönes Jagdrevier neu gestalten und jagdlich bewirtschaften konnte.

Revierkarten wurden angelegt, und nach den Bodenanalysen und der nötigen Bodendüngung wurden vier Wildäcker mit Topinambur, Rotklee

Streuobstwiesen

Rotklee-Wildacker

und der Waldpioniermischung angelegt. Nachdem ich wie bereits im zuvor beschrieben Kapitel alle anderen Hegemaßnamen durchgeführt hatte, neue Kanzeln und Ansitzleitern gebaut hatte und diese an entsprechenden Standorten aufgestellt waren, da errichtete ich die – wie sich später herausstellte – für dieses Revier wichtigste Hegemaßnahme: **die Sauenhütten!** Dieses Revier verfügte über einen guten Baumbestand von Eichen- und Buchenüberhältern (Mastbäumen). Aufgrund der in Abständen immer kürzer werdenden Intervalle von Mastjahren hatte das Schwarzwild in den letzten Jahren hier reiche Ausbeute an Eicheln und Bucheckern finden können. Aber leider gab es hier im Revier nur wenig attraktive Einstände für die Sauen, lediglich eine 0,4 Hektar große Schwarzdornheckenfläche

und eine Fläche mit Buchenrauschen von ca. einem Hektar. Zudem gab es ein paar Douglasien- und Fichtenhorste, die unweit der alten Mastbäume und in der Nähe der Fern- und Hauptwechsel des Schwarzwildes standen. Mein Ziel war es, dass die Sauen auch hier im Revier Standwild wurden, und so fiel mir ein Tipp ein, den mir ein alter und erfahrener Jäger einmal in jungen Jahren verraten hatte. Er sagte damals zu mir: „Wenn es in einem Jagdrevier zu wenig Einstandsmöglichkeiten für das Schwarzwild gibt, dann kann der Jäger dafür etwas tun, an entsprechenden gut ausgewählten Plätzen sogenannte Sauenhütten errichten und für die Sauen geeignete Sträucher und Hecken anpflanzen."
Als ich nun genauer darüber nachdachte, da kam mir so einiges in den Sinn. Wer die Bachen in seinem Revier regelmäßig bestätigen konnte, der sollte dann auch einen Keiler in der Rauschzeit in Anblick bekommen. Und so kam mir der Gedanke, dieses umzusetzen und auch den Bachen eine Möglichkeit zum Frischen zu bieten. Ich erzählte meinem Jagdherrn Karl davon, der mir schmunzelnd auch für dieses Vorhaben grünes Licht gab. Gesagt, getan.

Dieses Revier war ein „Rohdiamant", den es zu schleifen galt! Nach unzähligen Reviergängen und Beobachtungen stellte ich fest, wo die Sauen am meisten ihre Wechsel hielten und wo ihre bevorzugten Plätze zur Nahrungssuche waren. Kirrungen legte ich in die Randlage des Revieres, die auch nur als Ablenkfütterung dienten, schließlich sollten die Sauen aus dem Feld bleiben und keine Wiesenschäden oder Fruchtschäden verursachen.

Fünf ruhige, geeignete Plätze für den Bau von Sauenhütten hatte ich ausgewählt, und diese lagen allesamt in der Nähe von Hauptwechseln, Buchen- und Eichenüberhältern sowie Suhlen. Ein weiteres wichtiges Kriterium beim Bau einer Sauenhütte ist, dass der Eingang stets entgegen der Hauptwindrichtung und windgeschützt liegt, zudem aber in Richtung Süden zeigt.

Drückjagdfieber

Die erste Drückjagd stand bevor, und wir waren gespannt, ob der Lohn unserer Mühe sich bemerkbar machen würde. Von einem Berufsjäger hatte ich einmal gelernt, dass der Revierteil, in dem die Drückjagd geplant war, mindestens vier Wochen vor Beginn nicht mehr bejagt werden sollte und Ruhe absolut wichtig wäre! In diesen vier Wochen vor der Drückjagd standen überall frische Saufährten, und unter den alten Eichen- und Buchen brachen die Sauen seit Wochen, um an die für sie wohlschmeckenden Waldfrüchte zu gelangen.

Wir hatten den 20. November, der Tag der Drückjagd war gekommen, und diese war wie folgt geplant. Jagdbeginn für das erste Treiben war um 9:00 Uhr, die Aufbrechpause in der Zeit von 11:00 bis 11:30 Uhr, danach folgte eine kurze Mittagspause von 11:30 bis 12:15 Uhr. Ab 12:30 Uhr begann das zweite Treiben und endete um 14:30 Uhr mit Hahn in Ruh. An diesem Tag wurden 28 Schützen zu ihren Ständen gebracht, es gab 18 Treiber bzw. Hundeführer mit fünf Jagdterriern, vier Rauhaarteckeln und einer Dachsbracke.

Das Jagdrevier befindet sich an seiner längsten Seite an einem Höhenkamm (ca. 300 Meter über dem Meeresspiegel), zieht sich schlauchförmig am gesamten Bergkamm entlang und grenzt von unten an das Dorf und Aussiedlerhöfe.

Die Vorderseite grenzt an ein Industriegebiet und die Rückseite grenzt an ein großes Waldgebiet, in dem sich auch einer der Fernwechsel des Schwarzwildes befindet.

Was das Treiben betraf, so ging ich komplett neue Wege, anders als mein Jagdherr die Jahre zuvor. Das erste Treiben wurde von einer kleineren Treibergruppe ohne Hunde von der Vorderseite gestartet, und die beiden anderen Treibergruppen mit Hunden bewegten sich aufeinander zu (in Form eines Scherentreibens) mit dem Plan, dass die Sauen zwischen den beiden Treiberwehren weitestgehend zur Rückseite flüchteten. In der Hälfte des Revierteils befand sich die Buchenrauschenfläche in der Größenordnung von ca. einem Hektar. Dort würden sich vielleicht die Sauen wieder einstellen, sodass diese Fläche dann im zweiten Treiben mit durchgetrieben würde, so mein Gedanke.

Wir waren froh, dass sich die Jagdnachbarn an diesem Jagdtag mehr oder weniger in ihrem Revier mitbeteiligten, um so eine revierübergreifende Drückjagd zu gewährleisten und die Sauen großflächig bejagen zu können.

Mein Jagdherr Karl gab den Schützen die Vorgabe, dass nur reife Keiler erlegt werden dürften, bei denen eindeutig die Gewehre erkennbar waren und einer Zigarettenlänge entsprach. Des Weiteren sollten Frischlinge erlegt werden und Überläufer von höchstens 40 Kilogramm Aufbrechgewicht. Weibliches Rehwild durfte auch gestreckt werden, aber nur, wenn ein sicherer Schuss auf nicht flüchtige Stücke möglich war. Ansonsten wurde noch das Raubwild freigegeben. Der Fuchs wurde in den von uns angelegten Kunstbauten schwerpunktmäßig in der Ranz mit geeigneten Bauhunden erfolgreich bejagt.

Ich war sehr froh, dass mein Jagdherr und ich die gleiche Auffassung hatten, was die Freigabe und Bejagung des Schwarzwildes betraf und hoffte inständig, dass es die Jagdnachbarn auch so praktizierten. An die zwei bekannten Fernwechsel wurden während den Treiben jeweils zwei Schützen abgestellt und die restlichen Schützen so platziert, dass alle Hauptwechsel und engen Schluppen zwischen den Berghängen besetzt waren, da ja vielleicht auch Schwarzwild aus den Nachbarrevieren einwechseln würde. So weit, so gut!

Das Treiben begann, und schon im ersten Treiben konnten wir zwei Rotten hoch machen. Zu unserer Freude zogen die Sauen wie erhofft in Richtung Rückseite, sodass die Schützen gutes Sicht- und Schussfeld hatten. Im Treiben hatten die scharf jagenden Terrier einen höchstens dreijährigen Keiler in einem Fichtenhorst gestellt, der erst beim Anblick von uns Hundeführern das Weite über die Reviergrenze suchte, und ich hoffte, dass er dort nicht erlegt werden würde. Es blieb bei der Hoffnung, der noch nicht reife Keiler fiel leider kurze Zeit später im Nachbarrevier.

Das erste Treiben war vorbei, und es lagen zu diesem Zeitpunkt neun Frischlinge, eine geringe Überlauferbache und ein Fuchs. Der Eintopf, den wir in der Mittagspause zu uns nahmen, schmeckte nach diesem erfolgreichen ersten Trieb doppelt so gut. Bis heute habe ich keinen köstlicheren Eintopf zu mir genommen, als diesen von der Ehefrau meines Jagdherrn selbst zubereiteten und servierten.

Das zweite Treiben begann, und als wir uns in den Buchenrauschen befanden, konnten die Hunde eine weitere größere Rotte sprengen, sodass die Sauen nur so aus den Buchenrauschen spritzen. Auch aus den Nachbarrevieren wechselten Sauen bei uns ein. Es fielen viele Schüsse, wir hörten wiederum Standlaut. Als wir Durchgehschützen und Treiber uns ca. 30 Meter vor der Bail befanden, da klagte der erste Terrier lautstark, und wir sahen einen weiteren Jagdterrier, der durch die Luft geschleudert wurde! Als wir uns weiter auf die Bail zubewegten, da sahen wir den Grund. Ein starker Keiler setzte sich den Hunden gegenüber zur Wehr, und als wir noch ein paar Meter näher an ihn herankamen, da flüchtete er zur Seite hin in Richtung der Schützenkette. Aber bevor er die Buchenrauschen verließ, stellte er sich ein weiteres Mal den Hunden. Erst als wir mit unseren lauten Rufen näher kamen, da verließ er die schützenden Buchenrauschen. Etwa 40 Meter nach dem Verlassen seines Einstands traf den Keiler die Kugel eines Jungjägers. Der Keiler verendete mit einem Kammerschuss in seiner Todesflucht nach ein paar Metern, mit dem Haupt in einer Zwieselbuche liegend. Der Keiler hatte ein Alter von fünf Jahren und wog aufgebrochen 92 kg. Es war die erste Jagd des Jungjägers Stefan, und er konnte sein Weidmannsheil und seinen Saudusel kaum fassen.

Nach dem zweiten Treiben lagen insgesamt ein Keiler, 16 Frischlinge, vier Überläufer, vier Schmalrehe, eine Ricke und ein Kitz sowie zwei

Des Jungjägers erster Keiler

Füchse und ein Waschbär. Der vom Keiler geschlagene Jagdterrier war zwischenzeitlich von einem Tierarzt, der als Schütze mit von der Partie war, notdürftig versorgt. Nachdem das erlegte Wild versorgt und am Streckenplatz brauchtumsgerecht zur Strecke gelegt wurde, die Schützen ihre Erlegerbrüche erhielten und die Jagdhornbläser an der mit Feuerfackeln umstellten Strecke das erlegte Wild verblasen hatten, ging es abschließend zum Schüsseltreiben in den Dorfkrug. Dort saß die komplette Jagdgesellschaft bei gutem Essen und guten Wein noch viele schöne Stunden beisammen, und jeder ließ seine Erlebnisse von diesem Tage in Erzählungen noch einmal Revue passieren. Mein Jagdherr bedankte sich bei den Schützen für ihr diszipliniertes Jagen und bei uns Treibern und Durchgehschützen für das passionierte Vorgehen.

Das erste Trittsiegel von Langschale!

In diesem Winter beließen wir es bei dieser einen erfolgreichen Drückjagd und wollten nur noch per Einzelansitz auf einen jagdbaren Keiler weidwerken. Seit einem guten halben Jahr fährtete ich beständig einen Keiler, dessen rechter Vorderlauf ein sehr auffälliges Trittsiegel aufwies. Seine rechte äußere Schale war 2,5 cm länger als alle anderen Trittsiegel, die ich fährtete. Der Keiler hatte eine Trittsiegelgröße (rechter Vorderlauf) von 11,5 cm Schalenlänge und eine Breite von 7,8 cm und sollte anhand dieser Größe entsprechend jagdbar sein. Keine andere Saufährte hat diese Maße, und daher konnte ich ihn zweifelsfrei von anderen Trittsiegeln unterscheiden.

Der Dezember war bereits vorbei, und wir waren in der Mitte des Januars angekommen. Es lag Schnee; seit vier Tagen konnte ich besagten Keiler jeden Tag an einem Hauptwechsel zur Kirrung fährten, er konnte nur in der nahe gelegen Sauenhütte oder in einem der kleinen Fichtenhorste seinen Einstand haben. So rief ich meinen Jagdherrn an und machte ihm den Vorschlag, dass ich morgen kreisen würde. Denn es sollte heute Abend noch ein wenig schneien, und sofern ich den Keiler morgen wieder mit einer frischen Fährte bestätigen sollte, dann sollten wir in kleiner Runde eine Jagd auf ihn machen.

Wie es der Wetterdienst vorausgesagt hatte, fiel etwas Neuschnee am späten Abend, und somit zeigte mir der weiße Leithund am darauffolgenden Morgen gegen 9:30 Uhr erneut das große Trittsiegel an einem Malbaum und an der Kirrung. Mein Jagdherr war leider beruflich verhindert, und so beauftragte er mich, ein paar Schützen für mein Vorhaben zu organisieren und wünschte uns ein kräftiges Weidmannsheil und viel Erfolg.

Wie bereits zuvor vermutet und durch mein Kreisen bestätigt, lag der Keiler in einem der kleineren Fichtenhorste. Auch eine kleinere Rotte befand sich in diesem Bereich. Ich habe die Erfahrung gemacht, dass es wichtig ist, nicht zu früh zu kreisen, denn erst wenn die Sauen eine gewisse Zeit in ihrem warmen Kessel verweilten und schliefen, dann lagen sie für gewöhnlich fester und verließen diesen nicht so schnell, wenn sie eine kleine Störung wahrnahmen. Schnell hatte ich die zehn Schützen angerufen und für 11:00 Uhr auf der Anhöhe des Jagdrevieres einbestellt. Als alle Schützen eigetroffen waren und ich den Ablauf und die Sicherheitsbestimmungen erklärt hatte, ging es zu Fuß und im Flüsterton auf den Weg. Freigegeben war nur der reife Keiler und kein anderes Wild.

Es war ein strammer Fußweg, aber Ruhe ist bei solch einem Vorhaben von großer Bedeutung, da ging ich bei der Planung einer Gesellschaftsjagd auf Rot- und Schwarzwild keine Kompromisse ein. Nachdem ich den letzten Schützen angestellt und eingewiesen hatte, wartete ich noch fünf Minuten und schritt unter Wind die frisch eingewechselte Keilerfährte entlang. Meine BGS-Hündin Delia schnallte ich erst, nachdem ich gut zehn Meter mit ihr der Keilerfährte sicher folgen konnte. Als Erstes brach die kleine, vier Kopf starke Überläuferrotte nach unten heraus. Dann stand ich mit Delia inmitten des Fichtenhorstes, in dem Delia jetzt lauthals mit tiefer und zorniger Stimme eine umliegende Fichte verbellte. Auf meine auffordernden Worte „fass die Sau“ schritt sie noch dichter an die umliegende Fichte heran. Als ich mit einem Stock auf die Fichtenzöpfe klopfte und laut rief, da wurde es dem Keiler zu viel, und er verließ blitzartig seinen Kessel. Delia konnte ich kurz zuvor noch an die Halsung nehmen, sodass der Keiler alleine die Dickung verließ.

Ich rief so laut ich konnte „Keiler nach oben!“ Was für ein Hauptschwein hatten wir beide da auf die Läufe gebracht, dieser hatte gewiss ein Aufbrechgewicht von über 110 kg, so meine Vermutung. Jetzt wartete ich mucksmäuschenstill auf einen Schuss. Aber nichts tat sich, „Totenstille“. Nach weiteren fünf Minuten ging ich die Fluchtfährte des Keilers aus, kam wie er aus dem Fichtenhorst und stand keine 50 Meter vor dem Schützen, der genussvoll in sein Brötchen biss. Auf meine Frage hin, warum er nicht geschossen habe, entgegnete er mir, dass er sein Frühstück nicht schnell genug hatte weglegen können. Ehe er seine Büchse angebackt habe, da wäre der Keiler auch schon über dem Berg verschwunden gewesen.

Was mir in diesem Moment für Gedanken kamen, dass lässt sich vielleicht erahnen, und zum ersten Mal verlor ich als Jagdleiter auf diese Antwort hin die Contenance – man möge mir verzeihen!

Der Keiler hatte den Hauptwechsel genommen. Ich stellte grundsätzlich bei einer Gesellschaftsjagd auch immer Schützen weitab des Geschehens auf den Haupt-und Fernwechsels an. Aber auch von dort fiel zu meiner Verwunderung kein Schuss. Der Keilerfährte folgend gelangte ich nunmehr auch bei diesem von mir angestellten Schützen an. Auch ihn befragte ich, warum er nicht geschossen hatte. Seine Antwort ließ mich dann endgültig sprachlos werden, und das kommt nicht oft vor: „Ich wollte erst sicher sein, dass es auch ein Keiler ist und warten, bis ich seine Klötze sehe." Als er sie gesehen habe, da war es dann zu spät, und weg war er, der Keiler! Dieser Jungjäger war noch unerfahren und hatte bis dato noch keine anderen Jagdgelegenheiten angeboten bekommen.

Nun ja, doppeltes Glück für den alten Bassen. Ich war zumindest froh, dass er nicht angeschweißt worden war und unbeschadet sein Heil in der Flucht umsetzen hatte können!

Erst im Frühling fand ich sein Trittsiegel in unserem Revier wieder, und insgeheim war ich froh, dass er noch lebte und hier seine Fährte zog.

Viele verschiedene Keilerfährten im Revier

Der Juni war gekommen, und mittlerweile konnte ich regelmäßig drei verschiedene starke Keilerfährten bestätigen, und der alte Keiler mit seiner überdurchschnittlichen langen rechten Schale war auch weiterhin immer noch hier. Ich hätte es nicht für möglich gehalten, dass auch Keiler eine gewisse Standorttreue entwickeln, aber hier war der Beweis. Ruhe, ein gutes Fraßangebot und wenig Jagddruck ließen ihn hier verweilen. Am 16. Juni begann wieder die Jagd auf den Keiler, und diesmal hatte sich auch mein Jagdherr für die Keilerjagd etwas mehr Zeit nehmen können. Ich hoffte, dass er einen dieser älteren Keiler erlegen konnte. Mein Jagdherr saß mehrmals auf einen Keiler an, aber entweder drehte der Wind oder der alte Keiler, dem wir den Namen „Langschale" gaben, umschlug die Kanzel und holte sich Wind von ihm. Mehrmals hatte er ihn für einen kurzen Moment in Anblick bekommen, aber für einen sicheren Schuss stand Langschale nie frei.

Zwischenzeitlich hatte ich einen früheren Jagdfreund wieder einmal getroffen, der eine Jagdgelegenheit suchte. Mein Jagdherr stimmte zu, und so konnte er gemeinsam mit uns auf Schwarzwild mitjagen. Über 200 Stück Schwarzwild hatte mein Jagdfreund bereits erlegt, aber einen alten, starken Keiler hatte er noch nicht auf die Schwarte legen können. Und so freute er sich, aufgrund der großzügigen Freigabe meines Jagdherrn auf einen reifen Keiler jagen zu können.

Im Juli stand täglich eine neue starke Saufährte in einer Schalenbreite von 7,2 cm und einer Länge von 8,6 cm an einer Ablenkfütterung. Ich musste für zwei Wochen auf eine Weiterbildung, mein Jagdherr und seine

Die beiden Keiler des Jagdfreundes: Der fünf- bis sechsjährige bekannte Keiler und ...

Ehefrau waren in ihrer Firma unabkömmlich und konnten daher nicht zur Jagd gehen. Somit konnte ich meinem Jagdfreund Bescheid geben, dass er die Möglichkeit für sich nutzen konnte. Wir hatten Vollmond, und die Wilduhr zeigte mir täglich an, dass der Keiler die letzten Tage schon gegen 22:30 Uhr den Mais an der Ablenkfütterung aufgenommen hatte. Da ich weiß, dass mein Jagdfreund nicht allzu oft über Sitzfleisch verfügt, sendete ich ihm so gegen 22:00 Uhr von meinem Hotelzimmer aus noch eine SMS. Er möge, sofern der Wind weiterhin passte und nicht drehte, auf jeden Fall bis Mitternacht sitzen bleiben, da der Keiler kontinuierlich die letzten Tage dort gewesen war, wo er sich jetzt auf dem Ansitz befand.

Um 22:25 Uhr bekam ich seinen Anruf. Mit aufgeregter und zitternder Stimme teilte er mir flüsternd mit, dass er soeben eine starke Sau beschossen habe, die nur der Keiler gewesen sein könnte. Zwanzig Minuten nach meiner SMS habe ihn der Keiler vom Bergkamm herkommend angewechselt und ihn mehrmals umschlagen. Die Kanzel, auf der er saß, war ausgesprochen hoch für unsere Verhältnisse, aber jetzt sollte es sich auszahlen. Über 15 Minuten habe der Keiler immer wieder sichernd die Umgebung geprüft und sich lautstark Wind geholt, bevor er endlich, aber sehr zögerlich, die Bühne betreten hatte. Seine Kugel im Kaliber 30/06 habe er dem Keiler auf sein Blatt platzieren können, und er habe die Sau nur noch ein paar Meter flüchten hören. Nachdem er aufgelegt hatte, wartete

... der vierjährige Keiler

er noch zehn Minuten, fand dann Lungenschweiß am Anschuss, und zwölf Meter weiter lag sein erster starker Basse. Überglücklich und dankbar sendete er mir ein Foto des Bassen per MMS. Der Keiler wog 102 kg aufgebrochen, die Gewehrlänge betrug 19,9 cm und 20,2 cm. Sein Alter schätzten wir auf fünf bis sechs Jahre und älter.

Zwei Monate später setzte ich meinen Jagdfreund an einem Topinambur-Wildacker an, wo täglich ich eine weitere starke Keilerfährte stehen sah. Hier hatten die Sauen die Wiesen unter dem Wildacker massiv umgedreht. Auch an diesem Abend erlegte er wieder einen Keiler von aufgebrochen 92 kg, aber dieser war leider erst vier Jahre alt!

Jagdliche Sternstunden gemeinsam mit Delia

Anfang Oktober war Langschale wieder täglich an einer Suhle mit Salzlecke und Kirrung zu fährten, und wiederum hatte mein Jagdherr leider keine Zeit, auf ihn zu jagen. So gab er mir den Keiler frei.

Was nun folgt, sollte meine bis zum heutigen Tage spannendste und beeindruckendste Keilererlegung werden. Diesen Keiler konnte ich aufgrund seines unverwechselbaren Schalenabdrucks schon über einen langen Zeitraum fährten und ihn auch zweimal in Anblick bekommen. Seine Schwarte hatte er immer sicher aus dem Gefahrenbereich retten können, und er sollte auch nicht auf der Drückjagd bei uns oder woanders zur Strecke kommen. So schmiedete ich einen Plan, um seiner habhaft zu werden.

In unserem Revier befand sich in einer Senke eine ca. einen Hektar große Wildruhezone, und hier gab es glücklicherweise lediglich einen Rückeweg, der nur mit einem Forstfahrzeug oder einem Allradschlepper zu befahren war. Auch Spaziergänger kamen hier nicht vorbei, denn der Rückeweg war eine Sackgasse. Hier gab es einen kleinen Bachlauf mir einer Suhle und einer Salzlecke; hier unten hatte ich auch eine Sauenhütte gebaut. Dieses Stück Wald wurde nur ein- bis zweimal im Jahr bei den Bewegungsjagden betreten. Ein völlig ungestörter Platz für das Wild.

Ich war mir diesmal aufgrund der Pirschzeichen und der Fährtenbilder des Keilers sicher, dass er von der Suche nach Fraß wieder zurückwechselte. Vielleicht hatte er ja sogar die Sauenhütte angenommen, so meine Vermutung. Von meinem Jagdherrn bekam ich eine Wildkamera, die ich an diesem Tag das erste Mal am Hauptwechsel platzierte. Zwei Tage später traute ich kaum meinen Augen, der Keiler war auf der Kamera. Um 9:00 Uhr vormittags war er hier vor dem Hochwald auf dem Wechsel über die Lichtung in Richtung seines Einstands entlanggezogen.

Am übernächsten späten Nachmittag packte ich meinen Jagdrucksack, rüstete mich mit Verpflegung, meinem kurzen und führigen Drückjagdstutzen, meinem Fernglas und meiner BGS-Hündin und fuhr nunmehr ins Revier,

Der Langschalenkeiler (aufgenommen von der Wildkamera). Das rechte Bild zeigt eine Kiefer in der Nähe seines Einstandes, die er mit seinen Waffen markiert hat.

Delia; rechts nach einer erfolgreichen Nachsuche auf einen Rehbock

um meinen Jagdplan umzusetzen. Dort angekommen parkte ich meinen PKW und pirschte bepackt gemeinsam mit meiner Delia leise in Richtung Senke, von wo der Sauen-Hauptwechsel kam. Hier war eine kleine Vertiefung, und hinter mir befand sich ein kleiner Hang, der von jungen Lärchen bewachsen war. Der Wind war hier in den letzten Tagen beständig von Osten gekommen, und laut Wettervorhersage sollte das auch so bleiben; es sollte sogar noch etwas kälter werden. Wir hatten abnehmenden Vollmond, und so waren die Lichtverhältnisse für die vor mir liegende Lichtung, über die der Hauptwechsel führte, noch ausreichend.

Hier richtete ich mir meinen Jagdplatz für mein Vorhaben ein: zwei dicke Isomatten und eine dicke, uralte Wolldecke aus den Beständen der ehemaligen DDR-Armee (diese hatte ich vor vielen Jahren einmal auf einem Flohmarkt erworben), meinen gefütterten Ansitzsack und für Delia eine weitere Wolldecke.

Des Weiteren hatte ich meinen Spirituskocher dabei, auf dem ich das Wasser für den Kaffee und eine 5-Minuten-Terrine kochte. Meine Passion und die Freude zu jagen stimmten mich auf ein langes Ausharren ein. Ich hoffte aber insgeheim, vielleicht doch nicht die ganze Nacht hier in der Kälte verbringen zu müssen und dass der Keiler beizeiten hier entlang wechseln würde. Der Nachmittag und der Abend zogen sich unendlich hin, und bis Mitternacht hatte ich außer Rehwild, Fuchs und Hase nichts in Anblick bekommen.

Die Lichtverhältnisse waren auf der Lichtung ausreichend für das Ansprechen und einen sicheren Schuss auf den Keiler, aber er ließ sich nicht blicken. Gegen Mitternacht schlief ich tief und fest ein. Erst gegen vier Uhr Früh wurde ich von Delia geweckt. Sie stupste mich mit ihrer kalten Nase ins Gesicht – so ein Hund ist schon etwas ganz Besonderes, und manchmal bin ich mehr als erstaunt, welche Intelligenz unsere vier-

Blick von meinem Nachtlager auf den Keilereinstand

beinigen Freunde, Familienmitglieder und Jagdhelfer an den Tag legen. Ganz zu schweigen von den Hunden, die in der Medizin, im Polizeidienst u.v.m. eingesetzt werden und zu Höchstleistungen imstande sind.

Delia hörte die Sauen im Gegenhang und weckte mich also nun. Hier brachen die Sauen im Buchenhochwald, und ich ärgerte mich, dass ich fast vier Stunden fest geschlafen und vielleicht den Keiler verpasst hatte. Die Rotte brach bis kurz vor 6:00 Uhr im Hochwald und zog dann auf dem Hauptwechsel in aller Ruhe über die Lichtung in Richtung Wildruhezone. Es waren über 14 Sauen, aber der Keiler war nicht bei der Rotte.

Bis 8:00 Uhr wollte ich noch ausharren. Nachdem ich mir einen Kaffee auf meinem Spirituskocher zubereitet hatte und diesen für den ersten Schluck gerade ansetzen wollte, zog ganz langsam ein starkes Stück Schwarzwild aus der gleichen Richtung kommend wie die Rotte auf dem Hauptwechsel entlang. Das war er, mit meinem Swarovski Nachtglas konnte ich ihn zweifelsfrei ansprechen. Delia hatte ihn nun auch in ihrer Nase; ich musste sie etwas zur Ruhe bringen. Bevor ich den Stutzen im Anschlag hatte, da war der Keiler auch schon wieder in den Bestand eingewechselt. Das konnte doch nicht wahr sein, meine Chance war vertan! Ich warf meine Wollmütze vor Wut in den Busch, und meine Delia schaute mich an, als wenn sie mir sagen wollte: Tja, so ist die Jagd!

Was nun folgt, kann ich im Nachhinein selbst kaum glauben – wenn sich seine Waffen nicht an meiner Trophäenwand befinden würden. Just sehe ich sie mir beim Schreiben dieser Zeilen wieder an. Alles spielt sich wieder vor meinem geistigen Auge ab, als wäre es erst gestern gewesen:

Nun beschloss ich, einen Versuch mit meiner BGS-Hündin zu unternehmen, um den Keiler doch noch zu bekommen. Delia war eine hervorragende Schweißhündin, und mit ihr konnte ich so manche schwierige Nachsuche erfolgreich beenden. Von Anfang an stand sie regelmäßig im Training auf der kalten Fährte. Oft genug hatte sie bei meinem Jagdfreund und dessen zahmer Bache bei den Trainingseinheiten ihre gute Nase unter Beweis gestellt.

Um 9:00 Uhr wollte ich Delia auf der Fährte des Keilers ansetzen, dort, wo ich ihn zuletzt vor dem Einwechseln gesehen hatte. Ich hoffte, dass er sich bis dahin schon fest dort unten in der Senke eingeschoben hatte und ich ihn in Anblick bekam, so mein Plan. Bedenken hatte ich nur bezüglich der Rotte: Falls sie dort im Kessel liegen, hoch werden und flüchten sollte, könnte der Keiler die Flucht ergreifen, bevor ich in sehen würde. Doch dann dachte ich: „Wer nicht wagt, der nicht gewinnt."

In der rechten Hand den gesicherten Stutzen mit offener Drückjagdvisierung, in der linken Hand Delia am Schweißriemen. Ganz ruhig und so leise wie möglich ging ich Delia hinterher, die ruhig und bedächtig die Sauenfährte arbeitete. Dann konnte selbst meine Nase schon den typischen, Maggi-ähnlichen Sauengeruch wahrnehmen. Die Sauenhütte war jetzt höchstens noch 70 Meter rechts liegend von uns entfernt, aber Delia zog nach links, wo der Bestand etwas lichter wurde und umgefallene Fichten lagen. Zog sie jetzt der Rotte nach oder dem Keiler? Ich ließ sie gewähren, denn was sollte ich auch anderes machen? Nach 30 Metern blieb Delia stehen; ihre Haare am Nacken und auf der Rückenlinie stellten sich auf, und sie fing tief an zu knurren. Wir mussten in unmittelbarer Nähe von Schwarzwild sein.

Jetzt bekam ich Gänsehaut, ein Schaudern durchzog eiskalt den ganzen Körper, denn vor uns beiden erhob sich urplötzlich ein starker Wildkörper unter dem umgefallenen Stamm einer alten Fichte, die nach hinten hin noch an ihrem Wurzelteller hing. Der Wind kam uns entgegen und der massige Wildkörper gehörte zu dem von uns gesuchten Keiler, der uns wohl noch nicht gewindet und auch noch nicht gesehen hatte. Als der Keiler hoch wurde und in unsere Richtung blickte, da war Delia nicht mehr zu halten, sie sprang in den Riemen und fing zornig an zu bellen, als im allernächsten Moment der Keiler volle Fahrt aufnahm und auf uns zukam, um den Hund anzunehmen. Das Herz schlug mir bis zum Hals, und reflexartig gelang es mir, den Stutzen in Anschlag zu bringen und das

Ein Prachtexemplar von einem Keiler: „Langschale"

Korn zwischen die Lichter des annehmenden Bassen zu setzen.

Acht Meter vor uns drehte der Keiler nach rechts ab, die Kugel erwischte ihn augenblicklich am Hochblatt und ließ ihn nach 20 Meter in seiner Fluchtfährte verenden. Das Ganze fühlte sich wie in Zeitlupe an, aber jetzt ging auch ich in die Knie. Delia zupfte dem Hauptschwein in die Schwarte und reagierte sich erst einmal für einen kurzen Moment ab, und ich benötigte noch eine gewisse Zeit, um dieses Erlebnis zu realisieren. Vor mir lag Langschale! Ein Keiler, der sieben Jahre oder älter war, sein Gewicht betrug aufgebrochen 125,5 kg. Die Gewehrlänge beträgt 22 cm, die Breite 28 mm.

Gibt es jagdlich Schöneres, als mit seinem Hund gemeinsam zu einer Sternstunde zu gelangen und solch ein sicherlich einmaliges, spannendes und nervenaufreibendes Jagderlebnis zu teilen? Ich glaube nicht.

An diesem Tag wurde mein Vater 70 Jahre alt, unser Haus war mit Geburtstagsgästen und Jagdfreunden gefüllt, und wir feierten alle zusammen diese einmaligen Erlebnisse.

In den darauffolgenden zwei Jahren erlegten wir bei den Bewegungsjagden noch weitere alte Keiler und auch vom Einzelansitz aus so manchen reifen und begehrenswerten Rehbock. Aber leider passierten immer öfter mysteriöse Dinge, die ein weiteres Jagen in diesem schönen und einmaligen Jagdrevier erschwerten und uns sehr nachdenklich stimmten, was meinen Jagdherrn Karl dazu bewog, das Jagdrevier nicht weiter zu pachten.

Der Abschied fiel mir schwer, aber ich konnte seinen Entschluss verstehen. Mein alter Jagdfreund Heinz sagte einmal: Wo Licht ist, da ist auch Schatten, und Erfolg bringt oftmals Neid mit sich! Aber das ist eine andere Geschichte.

Ein Keiler mit qualvoller Leidensgeschichte

Nicht nur für Kinder, sondern auch für uns Erwachsene und Jäger ist es immer wieder eine magische Zeit, wenn der Wald sich in ein weißes Wunderland verwandelt. Büsche und Sträucher erhalten ihre weißen Mäntel, die hohen Fichten werden zu mächtigen Zuckerhüten, und die am Wegesrand stehenden Jungfichten sehen aus wie kleine Schneemänner, die sich in Reih‘ und Glied formieren. Bei Sonnenschein erfüllt ein weißlich-blaues Licht den dunklen Tann, und hauchfein rieselt glitzernd wie Diamantenstaub der Schnee von den Bäumen. Hier und da hört man eine Kohl- oder Blaumeise, ab und an auch ein Wintergoldhähnchen und in großer Vielzahl die Rabenkrähen, die mit ihren quarrenden Rufen den Winter lautstark bekunden. Ansonsten hüllt sich der Forst in winterliches Schweigen ein.

Der letzte Tag für die Bejagung des Schalenwildes war der 31. Januar, und mit dem Ende des Jagdjahres lief auch die Pachtperiode dieses Jagdreviers mit all seinen Erlebnissen aus. Wir hatten zu diesem Zeitpunkt einen wunderschönen und heutzutage selten gewordenen Winterwald und seit längerer Zeit wieder einmal von Anfang Dezember bis Mitte Januar eine dichte und hohe verharschte Schneedecke. Aufgrund dieser Witterungsverhältnisse jagten wir nicht mehr und ließen dem Wild in dieser Notzeit entsprechende und geeignete Futtermittel zukommen. Alle zwei Tage grub sich mein PKW durch die verschneiten Wald- und Forstwege, und an manchen Stellen hatte sich unter der festgefahrenen Schneedecke bereits eine dicke Eisschicht gebildet, sodass es mit dem PKW nicht weiterging und ich gemeinsam mit meinen Kindern auf Rodelschlitten das Wildfutter zu den Futterstellen zog. Eine schweißtreibende, aber angesichts der Hegearbeit für das Wild doch eine erfüllende und befriedigende Reviertätigkeit für Jung und Alt.

Meine Kinder und deren Freunde konnten bei dieser Aktion viel lernen und hatten stets große Freude, wenn wir dem Wild das Futter in den Wald brachten. Im Anschluss fuhren wir dann alle am Revierende den steilen Hang hinunter in Richtung Dorf. Zum Abschluss tranken wir stets noch einen heißen Kakao und aßen von den Restbeständen des Weihnachtsgebäckes, das meine Ehefrau mit unseren Kindern in der vergangenen Adventszeit gebacken hatte.

Das Rehwild konnten wir in dieser Zeit überall im Revier auf der Suche nach Äsung antreffen, und an den Futterplätzen schien es gar kein Fluchtverhalten mehr zu zeigen, sehr zur Freude der Kinder, die das Wild nun ganz nah vom Schlitten aus beobachten konnten. Auch die Sauen, Hasen, Füchse und Rebhühner hinterließen ihre Fährten, Spuren und Geläufe im Schnee und nahmen unsere Wildfuttergaben gerne an.

An diesem letzten Tag und Abend der Jagdzeit setzte ich mich noch einmal auf einer Kanzel an, die sich an der schönsten und am ruhigsten gelegenen Stelle des Jagdreviers befand, und verabschiedete mich innerlich und dankbar für die Erlebnisse und Erfahrungen, die ich hier in den letzten Jahren erleben durfte. Gegen 19:30 Uhr zog der eisige Frost unter meine Kleidung, und so beendete ich meinen letzten Ansitz in diesem Revier und freute mich auf die warme Stube zu Hause, wo ich mir gleich im Sessel sitzend eine Pfeife anzünden und dem Flammenspiel des Holzfeuers im Kamin zuschauen wollte.

Als ich gerade mit meinem PKW aus dem Revier fuhr, erblickte ich kurz hinter der Reviergrenze im Scheinwerferlicht ein schwer krankes Stück Schwarzwild, das regelrecht über den Weg kroch und nun am Wegesrand schwer gezeichnet verharrte! Nun konnte ich das Stück genauestens ansprechen und sah, dass es ein Keiler war. Er war im wahrsten Sinne des Wortes bis auf die Knochen abgekommen und schweißte an den Hinterläufen. Mit letzter Kraft zog er mit seinen Vorderläufen den Rest seines Habitus in den Graben.

Mit meinem Mobiltelefon informierte ich sofort den Jagdaufseher des Nachbarreviers und teilte ihm mit, dass ich dem Stück jetzt umgehend den Fangschuss antragen würde. Mit meinem Schuss erlöste ich den schwer kranken Keiler und ließ ihn am darauffolgenden Tag von einem Veterinär untersuchen. Der Keiler hatte nur noch ein Lebendgewicht von 32 Kilogramm. Wie sich bei der Untersuchung herausstellte, hatte der vierjährige Keiler beide Hinterläufe, den rechten Vorderlauf und die Rippen der rechten Seite gebrochen. Hinzu kamen vier Zentimeter tiefe, eiternde Abszesse und becherförmige Schalen, die wohl aufgrund der fehlenden Abnutzung entstanden waren. Die Verletzungen und Frakturen konnten nur durch einen Verkehrsunfall entstanden sein, so seine Vermutung. Nach

Der kranke Keiler

Aussage des Veterinärs musste sich der Unfall etwa zwei Monate zuvor ereignet haben. Die Fehlstellung der Läufe deuteten darauf hin, dass die Brüche in der Liegeposition wieder zusammengewachsen waren, also muss der Keiler wochenlang im Wundbett gelegen haben. Die hohe Schneelage von Anfang Dezember bis Mitte Januar hat es dem Keiler aber ermöglicht, dass er seinen Flüssigkeitsbedarf um seinen Wundkessel herum decken konnte, indem er Schnee aufnehmen konnte. Unter unvorstellbaren Schmerzen muss er irgendwann sein Wundbett verlassen haben, um nach Fraß zu suchen. Es ist traurig und verantwortungslos, wenn Wildunfälle nicht gemeldet werden, denn schließlich handelt es sich um lebende Geschöpfe! Ich vermutete, dass ein LKW mit dem Keiler kollidiert war, denn ein PKW hätte bei einem Aufprall mit diesem vierjährigen Stück Schwarzwild und seinem damaligen höheren Lebendgewicht einen größeren Blechschaden davongetragen. In diesem Fall wäre der Wildunfall sicherlich gemeldet worden. Traurig über dieses Erlebnis, aber glücklich, dem Keiler weitere Qualen erspart zu haben, endete dieser letzte Abend an der Reviergrenze des Keilerreviers.

Das Hochwildrevier

Im Sommer darauf bekam ich die Anfrage und das Angebot eines Jagdrevierpächters, sein knapp 1000 Hektar großes Hochwildrevier mit Schwarzwildbestand zu betreuen. Nach einem intensiven Gespräch und dem ersten Kennenlernen des Reviers sagte ich zu. Ich begann auch hier von Anfang an, das Revier so aufzubauen und zu bewirtschaften, wie ich es auch in den anderen Revieren getan hatte. Bereits im ersten Jahr stieg die Schwarzwildstrecke bei der Einzeljagd und der Drückjagd um das Doppelte. Aber leider hatte mein neuer Jagdherr, was die Bejagungsstrategie des Schwarzwildes betraf, und auch in anderen jagdlichen Aspekten ganz andere Ansichten als ich, was ich sehr bedauerte.

Der einäugige Basse vom Wollenberg

Nach ca. vier bis fünf Monaten konnte ich beim Abspüren regelmäßig starke Keilerfährten bestätigen, und mein neuer Jagdherr und ein Jagdgast bemühten sich bei den Einzelansitzen um einen besonders starken Bassen, der aufgrund seines Trittsiegels die 100 kg Aufbrechgewicht bei weitem überschritten haben dürfte. Dreimal hatte ich ihn bei meinen Revierfahrten und Revierarbeiten in Anblick bekommen und schätzte ihn auf ca. 110–120 kg. Mein Jagdherr hatte ihn mittlerweile einige Male vom Ansitz aus gesehen, aber er wurde entweder nicht schnell genug fertig, um ihm die Kugel anzutragen, oder der Keiler bekam Wind von ihm. Ein anderes Mal hatte sein Jagdfreund das Nachsehen, als er ihn bei passendem Wind auf 50 Meter vom Hochsitz aus überschoss und die Kugel in einer dicken Buche verewigte. Das Jagdfieber hatte ihn zu stark gebeutelt, sodass er beim Anblick diesen urigen Bassen keine ruhige Hand mehr hatte.

An einer anderen Stelle, wo ich einen Wildacker mit Topinambur und einer Waldpioniermischung angelegt hatte, fährtete ich am darauffolgenden Januar ein weiteres starkes Trittsiegel einer Sau. Diese Fährte mit den Maßen kannte ich noch nicht. Hier spürte ich zwar regelmäßig eine stärkere Keilerfährte auf, aber diese war um 1,5 cm länger und einen knappen Zentimeter breiter als die hier vorgefundene Fährte eines anderen Keilers. Das konnte nur ein Hauptschwein sein.

Seit zwei Tagen zog eine kopfstarke Rotte nachts in den Wildacker, um sich an den Topinamburknollen zu laben, und am 18. Januar fand ich die frische Fährte des Keilers 20 Meter neben den Trittsiegel der Rotte, die vergangene Nacht das dritte Mal in Folge wieder im Wildacker nach Futter gesucht hatte. Die letzten Tage hatte es tagsüber geschneit, sodass der weiße Leithund wieder eine klare Aussage gab. Die Sauen wechselten aus dem angrenzenden Staatsforst hier ein, und jetzt waren beste Bedingungen, um auf diesen Keiler zu jagen. Ich informierte meinen Jagdherrn über die Geschehnisse und die Möglichkeit, hier einen reifen Keiler zu erbeuten. Er teilte mir mit, dass er im Moment keine Zeit habe und er mir den Keiler freigeben würde, sofern ich ihn erlegen wollte.

Das ließ ich mir nicht zweimal sagen und baumte gegen 18:00 Uhr auf die Kanzel auf. Ich hatte mich so dick angezogen, dass ich kaum laufen konnte, und hatte eine gewisse Ähnlichkeit mit dem Michelinmännchen aus der Reifenwerbung. Es war ein Winterabend, wie er schöner nicht sein konnte. Es lagen ca. 10 cm Schnee, und das Thermometer zeigte –13 °C an. Es war ein sternenklarer Himmel, und eine magische Ruhe ging von Feld und Wald aus. Lediglich einen Fuchs hörte ich keckern. Im Mondschein glitzerte die weiße Pracht so hell, dass ich Bedenken hatte, ob es den Sauen nicht zu hell war, um hier auf die freie Fläche des Wildackers zu wechseln und ihren sicheren und dunklen Tann zu verlassen. Aber der Hunger war stärker, denn gegen 19:00 Uhr hörte ich die ersten Sauen schon von Weitem quieken. Meinen Bergstutzen im Kaliber 30/06 hatte ich längst im Anschlag und wartete nun darauf, dass mich die Sauen anwechselten und wieder in den Wildacker zogen.

Es dauerte keine weiteren fünf Minuten, als insgesamt 19 Sauen langsam, aber zielstrebig aus dem Forst über die vor mir liegende Wiese und dann in den Wildacker zogen. Bachen, Überläufer und Frischlinge, alles war in dieser Rotte vertreten, aber nicht der Keiler. Ich war mir sicher, dass er ganz bestimmt noch hinterherziehen würde, da ich es oft genug erlebt hatte, dass alte Keiler separat von der Rotte im Kessel liegen und meistens alleine hinter der Rotte herziehen. Denn so ein alter Haudegen hatte mit Sicherheit in all den Jahren seines Lebens seine Erfahrungen gemacht. Wie so war ich beeindruckt von der Intelligenz dieser Wildart.

Nachdem die Sauen jetzt bereits schon über zehn Minuten im Wildacker, wo ich zudem noch einige Hände Mais eingestreut hatte, nach Fraß suchten und ich nach wie vor auf den Waldrand fokussiert war, da sah ich ihn! Dort am Waldrand, wo die Sauen aus dem Hochwald gewechselt waren, verhoffte jetzt eine starke Sau und sicherte.

Mein Absehen des Zielfernrohres hatte ich bereits auf ihn gerichtet und wartete darauf, dass er jetzt aus dem Bestand über die Wiese zog, aber er verhoffte immer noch sichernd auf der Reviergrenze – ganze zehn Minuten an, die mir wie 30 Minuten vorkamen. Die Anspannung stieg sekündlich in mir. Als er sich nun doch in Bewegung setzte und langsam in Richtung Wildacker über die Wiese zog, fuhr ich mit meinem Absehen, das bereits auf seinem Blatt stand, mit und hoffte, dass er für einen kurzen Moment

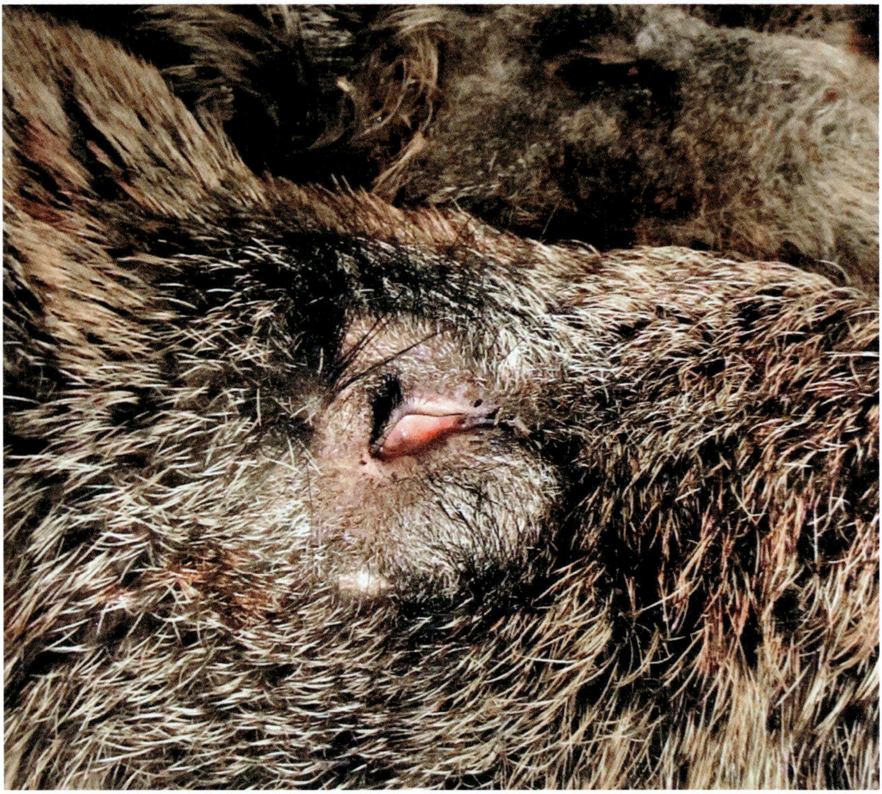

Das Hauptschwein vom Wollenberg – das rechte Licht fehlte.

einmal verhoffte. Und das tat er drei Meter vor dem Wildacker noch einmal. Im nächsten Moment zerriss mein Schuss die Stille dieses Winterabends, und die Rotte setzte sich blitzartig in Bewegung, um schnellstmöglich wieder in den Schutz des Forstes zu gelangen.

Der von mir beschossene Keiler lag im Feuer und bewegte keinen seiner Läufe mehr. Jetzt forderte das Jagdfieber wieder einmal seinen Tribut, ich zitterte am ganzen Körper. Ich wünschte, dass ich diesen besonderen Augenblick auf einem Film hätte festhalten können. Es war so beeindruckend, wie an diesem Winterabend als Erstes die Rotte mit 19 Sauen in kurzer Entfernung an mir vorbei in den Wildacker gewechselt war und dort nach Nahrung gebrochen hatte. Später stand der Keiler wie eine Statue am Waldrand, überprüfte mit allen Sinnen die Umgebung, zog über die verschneite glitzernde Wiese verhoffte und ein letztes Mal, um sich Wind zu holen.

Aber jetzt wollte ich den Keiler in Augenschein nehmen und zog erst einmal ein paar Kleidungsschichten aus. Schließlich hatte ich mich auf einen langen Ansitz an diesem kalten Winterabend eingerichtet, und dann stand ich so kurze Zeit später vor meinem Bassen.

Hier lag nun wieder einmal ein Urian von Keiler vor mir im Schnee. Dem Keiler fehlte das rechte Auge, und direkt darunter hatte er eine alte, ledrige Narbe. Ob diese vielleicht von einen Kampf mit einem anderen Keiler in der Rauschzeit stammte? Im rechten Unterkiefer befand sich eine 5 cm lange eitrige Knochenwucherung und Entzündung, die das rechte Gewehr bereits massiv befallen und regelrecht zerfressen hatte. Das linke Gewehr hatte eine Länge von 21,5 cm und eine Basisbreite von 32 mm. Aufgrund der Bewertung der Gewehre, der Haderer und des Abschliffs der Backenzähne wurde der Keiler auf zehn Jahre geschätzt. Ein wahrlich altes Hauptschwein. Es sollte mein letztes Weidmannsheil in diesem Revier sein, denn meine Einstellung zur Jagd ging leider mit jener meines Jagdherren nicht immer konform. Für mich stehen Ethik und Moral bei der Jagdausübung an erster Stelle, wie ich schon des Öfteren betont habe.

Mit großer Freude habe ich vor über 26 Jahren mit meinen damaligen Jungjäger-Ausbildungskollegen in feierlicher Jägerrunde den Jägerbrief zur bestandenen Jägerprüfung erhalten, und in diesem stand geschrieben:

„Möge er ein reiches Jägerleben lang seine Büchse und Flinte als weidgerechter Jäger und Schützer unseres Wildes führen.“

Wir Jäger sind es unserem Wild schuldig, dass es würdevoll und nach den Grundsätzen der Weidgerechtigkeit gehegt und bejagt wird. Und ein Jäger sollte sich von diesen wichtigen Grundsätzen und deren Umsetzung nie abbringen lassen, auch wenn er dafür seine Jagdmöglichkeit aufgeben muss.

Jagdliche Gegenwart

Und somit komme ich bis zum heutigen Zeitpunkt, zu meinen letzten beiden Keilererlegungen. Ein alter Jagdfreund, dem ich schon immer in den letzten Jahrzehnten jagdlich ausgeholfen hatte, wenn die Sauen in seinem Jagdrevier in den Feldfrüchten zu Schaden gingen, rief mich an. Er klagte mir sein Leid und erzählte, dass seine Mitjäger, die mittlerweile in die Jahre gekommen waren, keine Ambitionen bezüglich der Wildschadensverhütung von Schwarzwild mehr hatten und er alleine den Wildschaden durch jagdliches Eingreifen nicht verhindern oder abschwächen konnte.

Ich befand mich zu diesem Zeitpunkt im Urlaub, den ich eigentlich zu Hause für Renovierungsarbeiten am Wohnhaus nutzen wollte. Ich brachte es nicht fertig, ihm einen Korb zu geben, und so sagte ich ihm zu.

Der fast verschlafene Weizenkeiler

Wir hatten verabredet, uns am späten Nachmittag bei ihm im Revier erst einmal einen Überblick zu verschaffen, wo die Sauen am stärksten zu Schaden gingen. Es sah in manchen Weizen- und Haferfeldern schlimm aus, der Wildschaden war bereits beträchtlich und würde seinen Geldbeutel sicherlich um einiges schlanker werden lassen.

Besonders spektakulär waren an diesem Nachmittag seine Verhandlungen mit einem bestimmten Landwirt, in dessen Feldern die Sauen den meisten Schaden angerichtet hatten. Ich glaube, wenn ich an diesem Tage nicht bei diesem Gespräch anwesend gewesen wäre und die beiden Streithähne auseinandergehalten hätte, dann wäre dieses Gespräch wahrscheinlich anders ausgegangen! Es ging laut und hoch her, aber zum Glück konnte ich positiv auf beide einwirken und die erhitzten Gemüter beschwichtigen. So hatte ich mir meinen Urlaub nun wirklich nicht vorgestellt, aber es sollte sich noch ändern.

Ich bat meinen Freund, mich alleine um die Felder gehen zu lassen, um nach frischen Pirschzeichen zu suchen. Ich kam an eine Stelle des Weizenfeldes, wo der Weizen in der Milchreife stand und in großer Menge Spelzen zu finden waren. In unmittelbarer Nähe fand ich dann die Losung eines Stückes Schwarzwild. Diese Losung hatte einen großen Durchmesser, der nur von einer älteren Sau stammen konnte, was sich in den nächsten Minuten bestätigen sollte.

In einer kleinen Wegmulde stand vom letzten starken Sommerregen noch das Wasser. Dort hatten sich die Sauen selbst eine Suhle angelegt, an deren Rande ein Trittsiegel von 8,2 cm Länge und 6,5 cm Breite stand. Somit vermutete ich, dass dieses Trittsiegel nur zu einem Keiler gehören konnte. Dem Fährtenbild entsprechend zogen die Sauen vom benachbarten Rapsschlag aus in den Weizen, wo sie ihren Fraßplatz hatten. Das Rapsfeld wiederum lag im Nachbarrevier, und zwischen dem Weizen- und dem Rapsfeld befand sich eine schmale Wiese von 20 Metern Breite. Und so beschloss ich – aufgrund der fehlenden Deckung – eine mobile Leiter direkt an der Reviergrenze, wo das Rapsfeld endete, aufzustellen. Der Wind kam aus westlicher Richtung, und so konnte ich vielleicht die Sauen morgens vor dem Auswechseln aus dem Weizen und beim Einwechseln in den Tageseinstand abpassen.

Schnell hatte ich mit meinem Jagdfreund eine mobile Leiter an geeigneter Stelle aufgestellt und saß am darauffolgenden Morgen gegen vier Uhr auf dieser Ansitzleiter. Beim Angehen schreckte das Rehwild und warnte mit seinem lauten Böh, Böh, Böh ..., dass Gefahr im Anzug war. Nachdem ich eine Viertelstunde auf der Leiter gesessen hatte, hörte ich die Sauen im Weizen die Ähren knatschen. Als es dämmerte, sah ich dann die Sauerei, eine größere Rotte befand sich im Weizen, und ab und an zogen ein paar vielleicht acht bis zehn Kilogramm leichte Frischlinge aus dem Weizen. Es war unmöglich, ein stärkeres Stück bzw. einen Überläufer aus der Rotte zu schießen, denn die Gefahr, eine führende Bache zu erlegen, war zu groß.

So beschloss ich erst einmal weiterzuwarten, um vielleicht noch einen Frischling erlegen zu können. Wenn das nicht gelingen sollte, dann würde ich die Sauen mit einem Schuss ins Erdreich zumindest vergrämen. Aber – da war ja noch das starke Trittsiegel eines Keilers, und somit war meine Idee mit dem Schuss zur Vergrämung schnell ad acta gelegt.

Der Wind stand gut, und so wunderte ich mich, dass die Rotte plötzlich zügig oberhalb des Feldes aus dem Weizen zog und in ein Gerstenfeld wechselte. Wind konnten sie keinen von mir bekommen haben, aber jetzt waren sie verschwunden. Jetzt war es sechs Uhr in der Früh, und von der Rotte war keine Borste mehr zu sehen, aber ich erfreute mich an dem Anblick einer Wildkatze, die schon zwei Mäuse erbeutet hatte und in ihrem Fang trug. Bestimmt hatte sie einen Wurf zu versorgen. Es war interessant, ihr bei der Jagd nach Mäusen zuzusehen. Das blieb auch einem Fuchsrüden nicht verborgen, er schnürte zielsicher auf die Wildkatze zu. Als diese ihn wahrnahm, nahm sie in hoher Flucht die nächste Hecke an und war verschwunden. Ich vermutete, dass sie vielleicht schon einmal eine Konfrontation mit einem Fuchs hatte und negative Erfahrungen bei dieser Begegnung gemacht hatte. Und jetzt mauste der Fuchs auf der Wiese und versuchte hier sein Glück, um Beute zu machen. Aber auch er verschwand

Der Weizen-Keiler

wieder so schnell, wie er gekommen war.

Ich war am vergangenen Abend erst gegen 24.00 Uhr zu Bett gegangen, da noch überraschenderweise Freunde zu Besuch gekommen waren, und so hatte ich, bis der Wecker für den Frühansitz klingelte, gerade mal zweieinhalb Stunden Schlaf bekommen. Aber was macht man nicht alles für die Saujagd! Und so muss ich wohl gegen 6:00 Uhr auf der Ansitzleiter eingeschlafen sein. Etwas später wurde ich (wahrscheinlich durch mein lautes Schnarchen) von selbst wieder wach und hatte einen schrecklich trockenen Mund, mein Hals war während meines Nickerchens nach rechts gekippt, war jetzt ganz steif und schmerzte ungemein. Als ich gerade meine Augen geöffnet hatte, da sah ich von oben aus dem Weizen kommend eine einzelne starke Sau in Richtung Raps flüchten. Ich konnte sofort erkennen, dass es sich um einen starken Keiler handelte.

Geistesgegenwärtig hatte ich reflexartig meine Büchse in den Anschlag gebracht und schaffte es tatsächlich, dem Keiler drei Meter vor dem Rapsfeld die Kugel anzutragen, die ihn sofort verenden ließ. Auch dieses Jagderlebnis ist vielleicht für manchen Jäger schwer zu glauben, hat sich aber tatsächlich so zugetragen. Deshalb habe ich meinem Jagdfreund nie erzählt, dass ich die Chance auf diesen Keiler fast verschlafen und vertan hatte. Aber dafür kann er es ja jetzt – wie Sie – in meinem Buch lesen.

Der Keiler wog aufgebrochen 89 kg, hatte beachtliche Waffen. Nach der Brandtschen Formelbewertung hatte er 1,04 erhalten und somit ein Alter von sechs bis sieben Jahren erreicht. Das gesamte Wildbret wurde auf Wunsch meines Jagdfreundes von mir zu Wildschweinbratwurst veredelt und hat seinen Bedarf an Bratwurst für das ganze nächste Jahr gedeckt.

Ich war glücklich, dass ich ihm bezüglich des Wildschadens aushelfen konnte. Es gelang mir in den darauffolgenden Tagen sogar noch, drei Frischlinge zu erlegen und an einem Überläufer einwandfrei vorbeizuschießen!

Der wehrhafte Keiler im Mais

Im darauffolgenden Herbst, um genauer zu sein, in der zweiten Septemberwoche, bekam ich Besuch von einem Jagdfreund und die Einladung zur Maisjagd. Ich bin eigentlich kein Freund von Maisjagden, da ich in der Vergangenheit bei dieser Jagdart einige negative Erfahrungen gemacht habe und einmal dabei durch das undisziplinierte Verhalten eines Schützen meinen Hund fast verloren hätte.

Mein Dackel trieb damals einen kranken Frischling aus dem Mais und stellte diesen direkt beim Auswechseln am Rande des Maisfeldes. Die Mitteilung des Jagdleiters vor Beginn der Maisjagd besagte unter anderem, dass nur die Hundeführer einen Fangschuss antragen dürften! Aber leider hielt sich ein Schütze nicht an die Anweisung des Jagdleiters und beschoss den Frischling, sodass mein Dackel einen Splitter des Teilmantelgeschosses abbekam und sofort in die Tierklinik gebracht werden musste. Ich habe aus diesem Grund in den nächsten Jahren an keiner weiteren Maisjagd mehr teilgenommen.

Mein Jagdfreund wusste um diese Geschichte und teilte mir mit, dass die sechs anwesenden Schützen definitiv diszipliniert jagen würden, dafür lege er seine Hand ins Feuer. Und so ließ ich mich dazu überreden.

Am darauffolgenden Tag trafen wir uns gegen 14:30 Uhr an dem ca. 0,6 Hektar großen Maisfeld. Wir waren sieben Schützen, zwei Hundeführer und sieben Hunde. Die Schützen saßen alle auf einem mobilen Drückjagdbock, und an den Seiten des Maisfeldes wurden ein paar Wannen mit frischem und kaltem Wasser für die Hunde aufgestellt. Um das Maisfeld herum waren überall frische Stellen, wo die Sauen nach Gewürm und Wurzeln gebrochen hatten, und von außerhalb des Maisfeldes konnte man schon erkennen, dass etliche Stellen im Mais von den Sauen dem Erdboden gleichgemacht worden waren.

An diesem Septembernachmittag hatten wir 21 Grad. Ich hoffte, dass es uns beiden Hundeführern mit den Hunden gelingen würde, die Sauen relativ zügig zum Verlassen des Maisfeldes zu bringen, und dass sie den Schützen passend kommen würden. Das Durchdrücken des Maisschlags begann, und als wir beide noch keine zehn Schritt weit vorangekommen waren, da gaben die Hunde bereits den ersten Hetzlaut. Am Boden liegend konnte ich für einen kurzen Moment eine starke Bache sehen, die mit ihren Frischlingen Richtung Osten aus dem Maisfeld flüchtete. Es fielen viele Schüsse außerhalb des Maisfeldes, und ich war überrascht, dass die Rotte mit der älteren Bache so schnell den Mais verließ. Ich schaute kurz am Rande des Maisfeldes nach, um mich zu vergewissern, wie die Situation war. Hier wechselte eine Bache mit acht starken Frischlingen und einem Überläufer heraus, und den Schützen gelang es, vier Frischlinge aus der Rotte zu schießen, die allesamt mit einem sofort tödlichen Treffer lagen.

Zufrieden über dieses erste Ergebnis ging ich mit meinem Hundeführer-Kollegen wieder weiter durch das Maisfeld, als die Hunde kurz darauf erneut Hetzlaut gaben. Es waren noch weitere Sauen im Maisfeld, und von den Hunden getrieben schossen sie immer wieder an uns beiden vorbei. Das Ganze ging jetzt bereits schon über eine halbe Stunde so, und keine Sau verließ – vermutlich wegen der draußen gefallenen Schüsse – das Maisfeld. Mein Gedanke war gleich, dass die noch im Mais verbliebenen Sauen wahrscheinlich ältere Sauen waren, die schon Erfahrungen in puncto Maisjagd gemacht hatten, da sie nach den Schüssen partout den Mais nicht mehr verlassen wollten.

Wir machten aufgrund der Wärme und Hitzestauung im Mais erst einmal eine kleine Pause, um selber etwas zu trinken und damit die Hunde sich in den Wannen abkühlen und auch ihren Flüssigkeitsbedarf wieder decken konnten. Etwas erfrischt ging es wieder los, wir wollten noch ein weiteres Mal den Mais durchdrücken, und unseren passionierten Hunden konnten wir es ansehen, dass sie noch Lust hatten und weiterjagen wollten.

Und dann ging es wieder recht zügig: Die Hunde gaben wieder Hetzlaut, drei Überläufer flüchteten in Richtung Süden aus dem Maisfeld und zwei von ihnen wurden sogleich kurz vor dem Einwechseln in den nahe gelegenen Hochwald gestreckt. Aber ein anderer Teil der Hunde hetzte immer noch vor uns das Schwarzwild. Kurz darauf klagte lauthals ein Hund, und nun hörten wir Standlaut. Auf dem Boden kroch ich langsam und so leise ich konnte auf die Bail zu und sah, wie die Hunde inmitten des Maisfeldes an einer Stelle, wo die Maisstängel alle am Boden lagen, einen Keiler gestellt hatten.

Ein Jagdterrier meines Kollegen, der eine besonders ausgeprägte Wildschärfe besaß und in der Vergangenheit schon so manchen Schlag einer Sau abbekommen hatte, stand etwas abseits und hatte eine Schnittwunde an der linken Flanke. Ich rief den Terrier zu mir, der auch gleich hilfesuchend kam. Ich übergab ihn dem Hundeführer, der ihn außerhalb des Maisfeldes erst einmal versorgte und seine zum Glück nicht so tiefe Schnittwunde klammern konnte. Als ich den angeschlagenen Terrier wieder zu mir rief, da bemerkte mich der Keiler und flüchtete mit der Hundemeute im Schlepptau, sodass die Hatz wieder weiterging.

Jetzt waren schon eineinhalb Stunden vergangen, seit wir begonnen hatten, den Mais durchzudrücken, und der Keiler verließ das ihn schützende Maisfeld noch immer nicht. Wir wollten nicht das Risiko eingehen, dass der Keiler einen weiteren Hund verletzte.

Rudolf Fries schrieb einmal in seinem Buch „Hatz Watz“: **„Wer Schweinsköpfe haben will, muss Hundsköpfe dran geben.“** Aber das wollten wir auf keinen Fall riskieren, und so brachen wir ab. Auch unsere treuen Jagdhelfer ließen sich bereitwillig abrufen, sie waren jetzt auch erschöpft und suchten nur noch die wohlverdiente Abkühlung.

Nachdem die erlegten Sauen versorgt und in die Wildkammer gebracht worden waren, bat ich meinen Jagdfreund darum, mir doch mit seinem Jagdaufseher noch eine der mobilen Leitern in der Nähe des Hauptwechsels aufzustellen. Denn nur zu oft hatte ich gesehen und von anderen Jägern erfahren, dass nach Einkehren von Ruhe ältere Sauen und vor allem die Keiler das Maisfeld einige Zeit später verlassen, um sich dann in Sicherheit zu bringen. Daher wollte ich mich jetzt im Anschluss an die Maisjagd noch einmal ansetzen. Mit großen Augen wurde ich angeschaut, doch mein Jagdfreund stimmte wohlwollend meinem Wunsch zu.

Als ich meinen Hund versorgt hatte, mein Durst gestillt war und ich frische Wechselkleidung angezogen hatte, machte ich mich auf den Weg zur Ansitzleiter. Vorweg hatte ich aber noch auf der westlichen Seite des Maisfeldes, von wo auch der Wind kam, meine verschwitzte Kleidung abgelegt – in der Hoffnung, dass ihre Witterung vom Wind kontinuierlich ins Maisfeld getragen und der Keiler aufgrund der Witterung auf der Seite des Hauptwechsels auswechseln würde!

Um 18:00 Uhr saß ich auf der Leiter, und nach zehn Minuten forderte die vorherige und schweißtreibende Tätigkeit ihren Tribut, mich überkam eine große Müdigkeit und der Gedanke, ob ich nicht doch besser mit den anderen zur Jagdhütte gefahren wäre, um mir eine köstliche Grillwurst und ein kühles Getränk zu genehmigen!? Aber meine Passion war stärker, und ich hoffte, dass mein Plan aufging.

Um 18.45 Uhr wechselte der Keiler tatsächlich aus dem links von mir befindlichen Maisfeld und setzte nach drei Gängen zur schnellen Flucht in Richtung Hochwald an. Den Repetierer angebackt, mitgeschwungen und im entsprechenden Vorhaltemaß die Kugel auf den Weg gebracht! Der erste Schuss ging fehl, der zweite Schuss dahinter, und als der Keiler schon fast den schützenden Hochwald erreicht hatte, da erhielt er mit einem Hochblattschuss meine letzte Kugel im Kaliber 30/06, die ihn nach einer kurzen Todesflucht von 25 Metern verenden ließ. Mit einem großen Seufzer und glücklich über den letzten Schuss und Treffer stand ich zehn Minuten später vor meiner Beute. Hier lag ein Keiler von fünf Jahren und einem Aufbrechgewicht von 112 kg.

Eine gelungene Maisjagd! Mit einem Streckenergebnis von einem Keiler, zwei Überläufern und vier Frischlingen ging dieser Jagdtag an der Jagdhütte am Lagerfeuer zu später Stunde zu Ende – und ich bekam doch noch meine Grillwurst und einen eiskalten Radler.

Der Maiskeiler

Resümee

Es ist kein Hexenwerk, alte Keiler zu erlegen, aber es gehört schon eine große Portion Passion dazu. Man muss mit der Natur im Einklang stehen und einen hohen Zeitaufwand in Kauf nehmen. Natürlich braucht es auch eine gehörige Portion Glück, zur passenden Zeit am richtigen Ort zu sein. Nicht zuletzt benötigt man Erfahrungswerte, die in die Praxis umgesetzt werden müssen, und zwar mit viel Herzblut. Was ein Mensch gerne und aus Überzeugung macht, das wird in der Regel immer gut.

Besondere Freude hatte ich immer daran, wenn ich meinen Jagdherrn, Jagdfreunde und vor allem Jagdgäste zum jagdlichen Erfolg bringen konnte und sie mit meiner Hilfe ihren ersten Keiler oder ersten Rehbock in der Blattzeit beim Pirschen erlegen konnten.

Wildbret versorgen, verarbeiten und veredeln

Wildbret ist ein reines, regionales Naturprodukt in Bio-Qualität. Wir Jäger dürfen uns glücklich schätzen, dass wir die Möglichkeit haben, das Wild, das wir in unseren heimischen Wäldern und Feldern erlegen, auch als wertvolles Lebensmittel zu nutzen. Ob als Braten, Ragout, Steak, Schinken, Bratwurst, Salami oder in vielerlei anderen Varianten der Veredelung – mit Wildbret zubereitete Spezialitäten sind ganz einfach ein besonderer Genuss!

Das Aufbrechen

Es versteht sich von selbst, wer eine gute und hohe Fleischqualität haben möchte, muss unbedingt auf absolute Hygiene achten und diese auch praktizieren. Außerdem gibt es gesetzliche Regelungen und Verordnungen sowie Vorschriften des gemeinschaftlichen Lebensmittelhygienerechtes, die bei der Verarbeitung von Wildbret strengstens zu beachten sind, besonders wenn das Wildbret nicht nur zum Eigenverzehr dient, sondern in Verkehr gebracht wird, also an Privatpersonen, an die Gastronomie oder an den Wildbrethändler verkauft wird.

Vor allem beim Aufbrechen ist es sehr wichtig, möglichst hygienisch zu arbeiten. Daher habe ich in den vergangenen Jahrzehnten ca. 85 % des erlegten Wildes in der Wildkammer aufgebrochen, da das Aufbrechen dort am hygienischsten durchgeführt werden kann und körperlich weniger anstrengend ist.

Ich empfehle grundsätzlich bei der Roten Arbeit, beim Abschwarten und beim Zerwirken sogenannte Gastronomie- oder Einweg-Handschuhe zu verwenden. So kann man sich selbst vor etwaigen Zoonosen etc. schützen und bei der Wildbretverarbeitung nach höchsten hygienischen Aspekten arbeiten.

Aufhängen

Wenn man doch einmal gezwungen sein sollte, das Stück direkt nach der Erlegung vor Ort aufbrechen zu müssen (wenn man z. B alleine jagen war und das unaufgebrochene Stück nicht bergen kann), sind bei stärkeren Stücken (Hirsche oder stärkere Sauen) geeignete technische Hilfsmittel Gold wert! Mein Equipment für solche Situationen ist ein manueller Wildseilzug mit Wildbügel (Galgen). Damit kann das Stück am Baum im Hängen aufgebrochen und versorgt werden.

Besonders bewährt hat sich hierfür ein Modell, das auf dem Prinzip eines Spanngurt-Lift-Systems basiert, das mühelos mit einer Hand zu bedienen ist, lediglich ein breiter Wildbügel (Galgen) und ein starkes Tragseil mit einem kleinen Spanngurt wird dafür zusätzlich benötigt.

Mit Wildseilzug und Wildbügel wird das Aufbrechen von Schwarzwild direkt im Revier erleichtert.

Jeweils an den beiden Innenseiten der Hinterläufe werden zwischen dem Geäfter und dem ersten Gelenk unterhalb des Schlegels die Flexen/Sehnen von rechts und links eingeschnitten, sodass dann der Wildbügel (Galgen) dort eingehängt werden kann.

Das Aufbrechen im Hängen ermöglicht sauberes und hygienisches Arbeiten. Denn so kann der Schweiß und bei Weidwundschüssen auch der Darm oder Mageninhalt beim Aufbrechen gleich nach unten fließen, und wertvolle, edle Wildbret-Teile wie z.B. die Keulen werden nicht verunreinigt.

Ringeln

Wenn das zu versorgende erlegte Stück Wild mit dem Haupt nach unten hängend an einem geeigneten Baum sicher fixiert ist, wird als Erstes geringelt. Ringeln hat den Vorteil, dass das Schloss nicht geöffnet werden muss und somit bei der Reifung (Kühlung) die Keulen geschützt sind und vor dem Austrocknen bewahrt werden. Des Weiteren wird dadurch verhindert, dass sich unerwünschte Keime und Bakterienstämme auf den Keulen und im Becken ansiedeln und verbreiten.

Hierfür gibt es die Möglichkeit, einen Weidlochauslöser zu verwenden oder – wie ich es praktiziere – das Jagdmesser dafür zu verwenden: Ich schneide mit einem scharfen Jagdmesser einen kleinen, ca. zwei Finger breiten Querschnitt zwischen dem Weidloch und dem Pürzelansatz. Nun fasse ich in den Schnitt/Schlitz hinein und kann mit dem Finger das Bindegewebe um das Weidloch bzw. den Enddarm (bei weiblichen Stücken mit Feuchtblatt) lösen. Wenn das Bindegewebe vom Enddarm gelöst wurde, dann wird der Enddarm mit den Fingern umfasst, der Zeigefinger zieht den Enddarm wie eine Schlinge hoch. Nun kann das noch an einer Stelle mit dem Enddarm verbundene Weidloch mit dem Messer abgeschärft werden.

Sollten sich noch feste Losungsballen in der Nähe des Weidlochs befinden, dann werden diese von außen in das Darminnere vorsichtig mit der Hand nach unten gedrückt. Nun kann man einen geeigneten handelsüblichen Gefrierbeutel-Clip unter das Weidloch am Enddarm befestigen oder ihn mit einem Wurstgarn abbinden, sodass keine Losung beim Hineindrücken des Weiddarms in die Körperhöhle bzw. ins Becken heraustreten kann. Dies ist eine sehr hygienische Form des Aufbrechens von Wild.

Durch das Ringeln bleibt das Schloss ungeöffnet, und es können somit weniger Keime und Bakterien in das Innere gelangen, sich nicht auf den Oberflächen der Keulen ansiedeln und auch die Schwarte verbleibt auf den Keulen, was diese vor Verunreinigungen und Austrocknen schützt.

Kehlschnitt

Als Nächstes wird vom Unterkiefer beginnend ein Kehlschnitt gemacht und die Schwarte bis zum Weidloch vorsichtig aufgeschärft.

Bei männlichen Stücken werden selbstverständlich vor diesem Schritt der Pinsel und das Kurzwildbret (die Steine/Klötze) entfernt. Hierbei werden der Pinsel und die Klötze nach oben hin abgeschärft (auch die Samenleiter und die Harnröhre werden durchtrennt).

Öffnung der Bauchdecke

Dann wird die Bauchdecke bis zum Brustbein vorsichtig geöffnet. Dabei ist unbedingt darauf zu achten, dass der Magen und das Gescheide nicht aufgeschärft werden und kein Magen- und Darminhalt in die Körperhöhle gelangt.

Ich empfehle ungeübten Anfängern, dafür eine Aufbrechklinge (mit stumpfer Messerspitze) zu verwenden. Da jetzt das Gescheide je nach Größe/Volumen in der Regel von allein aus der Bauchhöhle heraustritt, kann jetzt der Enddarm mit dem Weidloch und der Blase mit der Hand vorsichtig umgriffen werden und aus dem Becken nach unten herausgezogen werden. Mit dem Messer wird jetzt dicht an der Wirbelsäule entlang nach unten hin das Bindegewebe durchtrennt. Vorsicht, dass die Rückenfilets (Lendenfilets) dabei nicht eingeschnitten werden. Das Gescheide fällt nunmehr aus der Körperhöhle heraus. Hierbei empfehle ich, dieses mit der Hand, die nicht das Messer führt, zu umgreifen und zu halten, damit es nicht abreißen kann.

Zwerchfell durchtrennen

Jetzt wird das Zwerchfell durchtrennt und das am Gescheide hängende Geräusch (Herz, Leber, Lunge, aber ohne Nieren) mitsamt der Drossel, Schlund und Lecker herausgeschärft. Immer darauf achten, dass für die Trichinenbeschau genügend Substanz am Zwerchfellpfeiler verbleibt.

Innere Organe untersuchen

Die Nieren werden aus dem Nierenstollen leicht hervorgedrückt, etwas eingeschnitten, aus der umgebenden Haut herausgedrückt und für die Untersuchung in der Mitte aufgeschärft. Diese können dann abgeschärft werden. Nun werden die restlichen inneren Organe untersucht, um festzustellen, ob sie Veränderungen oder Krankheiten vorweisen.

Schweißprobe

Die Schweißprobe ist leider nunmehr auch wegen der ASP (Afrikanische Schweinepest) von hoher Bedeutung. Diesbezüglich auch immer darauf achten, dass man eine Monovette (Blutröhrchen) für die Schweißprobe dabei hat und diese im Veterinäramt für eine Untersuchung abgeben werden kann.

Ich habe für die Blutentnahme und den Aufbruch immer eine saubere große Fleischwanne (Metzgerbedarf) dabei, in der ich den vorhandenen Schweiß für die Blutprobe entnehmen kann und die Organe untersuche.

Ausspülen

Wenn ein Stück mit einem Kammerschuss erlegt und ordnungsgemäß aufgebrochen wurde und keine weitere Verunreinigung vorhanden ist, dann ist es in der Regel nicht notwendig, dass die Körperhöhle mit Trinkwasser ausgespült wird. Es gibt Studien, die besagen, dass dadurch Keime und Bakterien in der ausgespülten Körperhöhle verteilt werden.

Ich persönlich schärfe verunreinigte Stellen sofort beim Aufbrechen großflächig weg und spüle höchstens im Bereich des unteren Brustbeins und der Trägerinnenseite den vorhandenen Schweiß mit Wasser ab. Bei einem Stück Schwarzwild, das einen Weidwundschuss erhalten hat, empfehle ich aufgrund der hygienischen Aspekte, die Fleischpartien rund um die verschmutzten Bereiche noch am gleichen Tag großflächig zu entfernen, das Stück sofort abzuschwarten, grob zu zerwirken und zu zerlegen, zu vakuumieren und zu frosten. So wird das Risiko einer Verbreitung von Darmbakterien und Keimen minimiert und gehindert.

Das Abschwarten

Schon in jungen Jahren, wenn ich den heimischen Jägern und Förstern bei ihrem Handwerk zusehen durfte und diese mich unter ihre Fittiche nahmen, sog ich deren Wissen lernwillig auf und stellte schnell fest, dass es v. a. beim Abschwarten eines Stückes Schwarzwild unterschiedliche Vorgehensweisen gab. Für einige meiner jagdlichen Mentoren war es eher eine Prozedur und wurde oftmals ohne Freude, aber mit dem erforderlichen Pflichtbewusstsein durchgeführt.

Das Abschwarten eines Wildschweins, das vielleicht schon seit fünf bis sechs Tagen im Kühlhaus auf 7–8 °C heruntergekühlt wurde, ist schon ein kleiner Kraftakt! Besonders dann, wenn nicht genügend Weißes (Feist) unter der Schwarte vorhanden ist. Man möchte es kaum für möglich halten, aber dass unsere Sauen nicht immer genügend Feist unter der Schwarte hatten, das gab es wirklich, und zwar in den 1980er bis 1990er Jahren. In dieser Zeit hatte unser Schwarzwild weitestgehend noch nicht die überdimensionalen Fraßangebote wie heute. Auch die Winter führten über Wochen hinweg Frost und Schnee, und da war so manches Stück Schwarzwild eher mager.

Als ich meine ersten Stücke Schwarzwild erlegte und selbst abschwartete, da machte ich mir Gedanken, wie dies vielleicht noch schneller und mit weniger Kraftanstrengung funktionieren könnte. Besonders Sauen mit einer dicken Winterschwarte ließen sich am schwersten abschwarten. Und da kam mir eine Idee.

1997 war ich zu Gast bei einem schwedischen Jagdfreund. Gleich am ersten Abend erlegten wir beide jeder einen Rehbock, und vier Tage danach wurden die Stücke aus der Decke geschlagen und zerwirkt. Mein schwedischer Jagdfreund ließ es sich nicht nehmen, das Wild persönlich ohne meine Hilfe zu versorgen. Noch nie habe ich gesehen, dass ein Stück Rehwild auf diese Art und Weise aus der Decke geschlagen wurde. Nach dem Motto „MANN lernt nie aus“ staunte ich über seine Technik und Vorgehensweise: Der Rehbock war mit einem Fleischhaken im Unterkiefer an die Rohrbahn der Wildkammer gehängt worden. Danach schnitt er mit seinem scharfen finnischen Jagdmesser zwischen Haupt und Trägeransatz die Rehdecke rundherum bis auf das Wildbret ein. Im Anschluss legte er das Messer weg und nahm ein sogenanntes Gekrösemesser.

Das Gekrösemesser ist eine spezielle Messer-Ausführung mit einer nach innen gekrümmten Klinge und einer stumpfen Spitze (die Messerspitze ist knopfartig verdickt). Diese Klingenform wird auch als Aufbruchklinge bezeichnet und hauptsächlich für das Öffnen der Bauchdecke verwendet, um das Gescheide nicht zu verletzen, damit kein Darminhalt etc. austreten kann.

Nun setzte er die Klinge des Gekrösemesser in der Mitte des Knicks (Trägeransatz) an, wo er zu Beginn den ersten Schnitt gemacht hatte, um die Rehdecke vom Haupt zu trennen. Als nächstes schnitt er mit dem Gekrösemesser dicht unter der Rehdecke mittig der Rückenlinie entlang bis zum Weidloch. Durch die abgestumpfte Messerklinge wurden die edlen Teile des Rückens und der Keulen nicht eingeschnitten und blieben somit unversehrt.

Anschließend wurden die Messer wieder getauscht, und mein Jagdfreund Tjorben trennte im nächsten Arbeitsgang die Vorder- und Hinterläufe ab und löste danach noch die Rehdecke mit ein paar gekonnten Schnitten am Träger vom Wildbret. Jetzt ergriff er mit beiden Händen die erste Hälfte

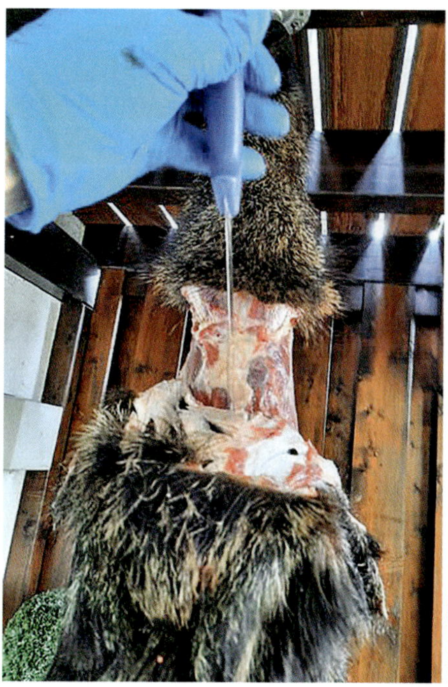

Freilegen der Trägerinnenseite (links); freigelegte Vorder- und Hinterläufe, Keuleninnenseiten und Brustspitze (rechts)

der Rehdecke am Träger und zog kräftig, aber behutsam die Decke nach unten. Innerhalb von ein paar Minuten war der Bock mit Tjorbens Methode aus der Decke geschlagen. Ich war beeindruckt, wie schnell und sauber dies vonstattenging.

Diese Methode, so meine Idee, könnte man vielleicht auch beim Schwarzwild anwenden. Als ich nach dieser „Lektion" ein Stück Schwarzwild erlegte, probierte ich diese Methode auch gleich aus. Und siehe da, es funktionierte fast genauso gut! Ich war wesentlich schneller, und der Kraftaufwand für das Abziehen der Schwarte war um ein Vielfaches minimiert. Eine kleine Veränderung im Vergleich zur Methode von Tjorben nahm ich jedoch vor: Wenn die Vorder- und Hinterläufe abgetrennt waren, dann schnitt ich die Schwarte noch an den Innenseiten vom Vordergelenk (Vorderläufe) bis zur Brustspitze und vom Hintergelenk (Hinterläufe) bis zur Schlossmitte (Becken) ein. Aber vorsichtig, um nicht in das Wildbret der Keulen zu schneiden. Wenn die Schwarte am Träger und Knick gelöst ist, dann lässt sich die mit dem Gekrösemesser eingeschnittene Schwartenhälfte gut und ohne größeren Kraftaufwand nach unten ziehen.

Die Schwarte wird rund um das Haupt gelöst, und das Gekrösemesser teilt die Schwarte längs der Rückenlinie entlang Richtung Weidloch in zwei Hälften.

Erste abgeschwartete Hälfte und vollständig abgeschwartetes Stück Schwarzwild.

Hin und wieder muss an manchen Stellen mit dem Messer etwas vorgeschnitten werden, aber der größte Teil der Schwarte löst sich allein durch das Nach-unten-Ziehen sehr gut. Obacht ist am Schluss geboten, wenn die Schwarte an den Keulen heruntergezogen wird. Dort ist das Bindegewebe etwas dünner; bei zu festem und schnellem Herunterziehen der Schwarte kann das Wildbret reißen und an der Schwarte hängen bleiben. Besonders bei jüngeren Stücken kann dies geschehen. Als ich diese Methode des Abschwartens nun meinen anderen Jagdfreunden in meiner Heimat vorführte, konnte ich den einen oder anderen Skeptiker überzeugen, und einige übernahmen diese Methode für das Aus-der-Decke-Schlagen und Abschwarten.

Die Reifung des Wildbrets

Ein weiteres Glück für mich als junger Bub war, dass ich einem Jäger, der auch Metzger und Hausschlachter war, oft bei seinem Handwerk zusehen durfte. Von ihm konnte ich viel lernen und möchte Ihnen gerade in puncto Fleischreifung das Wichtigste mit auf den jagdlichen Weg geben.

Nachdem ein Stück Wild erlegt wurde, dieses wie oben beschrieben ordnungsgemäß aufgebrochen ist, wird es vor der weiteren Versorgung – besonders im Sommer – sofort zum Reifen ins Kühlhaus oder in den Wildkühlschrank gehängt. Dabei passiert oft ein Fehler, der nicht mehr rückgängig zu machen ist.

Das Thermostat ist auf etwa 7 °C eingestellt, die Jägerin oder der Jäger ist zufrieden, dass das erlegte Stück jetzt schnell heruntergekühlt wird. Aber das ist gerade der Fehler, den viele unwissend begehen! Denn hier entsteht jetzt der Cold-shortening-Effekt (Kälteverkürzung)! Das bedeutet, wenn eine zu schnelle Abkühlung des Wildkörpers nach dem Aufbrechen erfolgt, dann kann dies dazu führen, dass das Wildbret zäh wird.

Vorkühlung

Vor Eintritt der Totenstarre (rigor mortis) gelten Temperaturen von um die 16 °C als optimal. Die Totenstarre tritt bei einem Stück Wild je nach Erlegungsart (Drückjagd/Ansitz/Pirsch) nach einer bis fünf Stunden ein. Bis zu diesem Zeitpunkt ist das Glykogen (Energiereserve) des Wildschweinmuskels noch nicht vollständig abgebaut und in die sogenannte Milchsäure umgewandelt worden. Daher ist der pH-Wert des Wildbrets noch relativ hoch (der pH-Wert ist in der Regel über 6,2). Wird im Wildkörper eine Temperatur von 12 °C zu einem Zeitpunkt erreicht, an dem der Abbau der Energiereserven noch nicht abgeschlossen ist, dann wird das Wildbret zäh, was leider nicht mehr rückgängig gemacht werden kann.

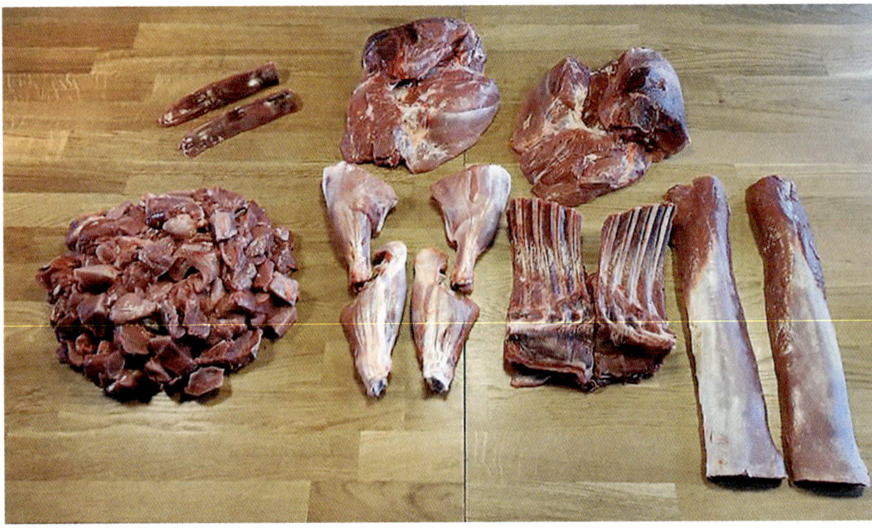

Zerlegtes Stück Schwarzwild: Schultern und Träger für Gulasch, Rippen für Spareribs, Rücken für Steaks und Braten, ganze ausgebeinte Keulen für Braten, Filets zum Kurzbraten und die Vorder- und Hintereisbeine zum Pökeln oder Schmoren.

Fertig vakuumiertes Wildbret vom Schwarzwild für den Verkauf oder Eigenbedarf.

Daher empfiehlt sich ein Hinauszögern der Kühlung mit einer sogenannten Vorkühlung des erlegten Stücks von ca. vier bis sechs Stunden bei einer Temperatur von 14 bis maximal 18 °C. Erst nach diesem Prozess wirkt sich eine sofort anschließende Kühlung bei rund 7 °C positiv auf die Zartheit des hochwertigen Wildbrets aus.

Wildbretreifung nach einer Hetz-Situation

Eine ganz andere Situation bezüglich der Wildbret-Reifung ergibt sich aber, wenn ein Stück Schwarzwild zum Beispiel bei einer Drückjagd oder nach einer Nachsuche erlegt wurde, der eine Hetze vorausgegangen ist. Durch die körperliche Anstrengung hat das Wild das Glykogen (Energiereserve) verbraucht, was später für die Bildung der Milchsäure fehlt und die Wildbret Reifung erheblich erschwert und behindert. Des Weiteren kommt hinzu, dass das Wildbret einen wesentlich höheren pH-Wert aufweist und anfälliger für Keime und Bakterien ist.

Wenn ich ein Stück Schwarzwild auf einer Drück- oder Bewegungsjagd erlege und nach der Jagd erwerbe, dann wird das Stück am nächsten Tag von mir abgeschwartet, zerwirkt und in Vakuumbeutel eingeschweißt. Danach lagere ich die vakuumierten Wildbretteile noch für sieben Tage bei 8 °C im Kühlschrank und froste es danach. Den Rücken und die Keulen von Drückjagd-Sauen veredle ich immer zu sehr schmackhaften Wildschinken.

Deshalb ziehe ich den Einzelansitz oder die Pirsch auf Schwarzwild vor, um dieses Problem der schwierigeren Wildbretreifung zu vermeiden.

Rezepte

Bekanntlich lassen sich aus Wild – und insbesondere vor allem aus Wildschweinfleisch – sehr schmackhafte Würste, Schinken und andere Leckereien herstellen. Und ich möchte an dieser Stelle nicht versäumen, Sie, liebe Leserschaft, daran teilhaben zu lassen, wie man das hochwertige Wildbret zu kulinarischen Köstlichkeiten veredeln kann.

Mit großer Freude habe ich viel Zeit investiert, um verschiedene Rezepturen, Herstellungs- und Zubereitungsarten zu entwickeln, um den Genuss und die Vermarktung der Wildspezialitäten zu optimieren. Besonders glücklich bin ich darüber, dass es mir gelungen ist, eine reine Wildbratwust ohne Zusatz von Hausschweinespeck herzustellen. Und diese Bratwurst ist wirklich nicht trocken. Ein zu hundert Prozent biologisches Nahrungsmittel aus heimischen Wäldern. Für mich gibt es nichts besseres, als auf diese Weise ein hochwertiges Stück Fleisch zu verzehren – *das* ist ethisch vertretbarer Fleischkonsum. Der Jäger entnimmt beim Ansitz oder auf der Pirsch ein bestimmtes und ausgewähltes Stück Wild aus dessen Lebensraum in der Natur, ohne dass das Wild vorher Stress und Panik erleiden musste. Es ist die Art der Fleischbeschaffung, wie es unsere Vorfahren schon vor Urzeiten praktiziert haben.

Hier nun ein paar Rezepte von mir, die ich Ihnen gerne empfehlen möchte, um selbst Wildbratwurst und Wildschinken herzustellen:

WICHTIG! Die Rezeptur (Kräuter und Gewürze) bezieht sich in **allen** folgenden Rezepten **immer** auf 1 kg Wildfleisch (fertige Brätmasse)!

Rehbratwurst oder Wildschweinbratwurst ohne Zugabe von Hausschweinespeck

Zutaten

1 kg Rehwildbret oder Wildschweinfleisch

Weitere Zutaten und Gewürze*

350–400 g frische Gemüsezwiebeln
60 ml Raps- oder Sonnenblumenöl (Olivenöl für Liebhaber der mediterranen Küche)
2 g weißer Pfeffer, ganze Körner
1,5 g schwarzer Pfeffer, ganze Körner
0,3 g Muskatnuss
0,2 g Macisblüte
0,4 g Piment, ganze Körner
0,7 g Majoran, getrocknet
0,5 g Liebstöckel, getrocknet
20–21 g Kochsalz, feine Körnung
3 g Traubenzucker
2 frische Knoblauchzehen
Schweine-Naturdarm Cal. 26/28 oder 28/30 (1er-Qualität!)**

*** TIPP** Bitte verwenden Sie immer frische Naturgewürze, die Sie erst kurz vor der Verarbeitung mit der Gewürzmühle mahlen. Ihr Gaumen wird es Ihnen danken.

**** TIPP** Schweine-Naturdärme erhalten Sie online (trocken gesalzen und vakuumiert) oder Sie bestellen sie beim Fleischhauer Ihres Vertrauens.

Zubereitung

Zuerst das gut gekühlte Wildbret in Würfel schneiden und bis zur weiteren Verarbeitung wieder kühl stellen.

Die Gemüsezwiebeln in grobe Würfel schneiden und mit dem Öl **glasig** dünsten. Doch Vorsicht: **Die Zwiebeln dürfen nicht braun werden, sonst dominiert der Zwiebelgeschmack in der Wurst!** Danach zum Abkühlen in den Kühlschrank stellen.

Die Gewürze mahlen, dann mit dem Salz, dem Traubenzucker und dem frisch gepressten Knoblauch mit den Händen in einer Schüssel gut vermengen.

Im Anschluss die Gewürzmischung mit den bereits erkalteten Zwiebeln samt Öl über das Wildfleisch verteilen und mit den Händen gut vermischen.

Die Schweinedärme nach Verpackungsanleitung in lauwarmem Wasser wässern.

Das gewürzte Wildfleisch mit dem Fleischwolf durch eine feine (3–5 mm) Lochscheibe oder nach Belieben gröbere Lochscheibe wolfen (das Brät sollte nicht schmieren, sondern vom Fleischwolf gut geschnittene kleine „Würstchen“ ergeben).

Nach dem Wolfen das Brät mit den Händen gut durchkneten, damit die Gewürze gut verteilt werden und die Masse zur Bindung gebracht wird.

Je nach Größe und Fassungsvermögen des Wurstfüllzylinders entsprechend große Brätballen formen und diese luftfrei (mit der Hand nachdrücken, um die Luft aus den Zwischenräumen zu drücken) in den Wurstfüllzylinder geben.

Einen gewässerten Schweine-Naturdarm über das entsprechend große Wurstfüllhörnchen stülpen und das Bratwurstbrät **luftfrei und nicht zu stramm** in den Darm füllen.

Danach die Bratwürste je nach Wunschgröße abdrehen. Sollten kleine Lufteinschlüsse in den Bratwürsten vorhanden sein, stechen Sie mit dem „Wurststippser“ (Nadeln) dort mehrmals hinein, damit die Luft entweichen kann.

Nun kann die Wurst frisch verzehrt oder vakuumiert eingefroren werden. Beim Braten der Wurst sollte Butterschmalz verwendet werden, dadurch entfaltet die Wildbratwurst ihren besonderen Geschmack. Achten Sie bitte darauf, dass Pfanne oder Grill nicht zu heiß sind, denn schließlich handelt es sich um eine **magere** Bratwurst, die ohne Zusatz von Schweinespeck trotzdem fluffig und geschmeidig ist! Achten Sie auch auf den richtigen Garpunkt (lässt sich per Fingerdruck bestens prüfen).

Wildschwein-Bratwurst mit Zugabe von Hausschweinespeck

Zutaten

650 g Wildschweinfleisch
350 g Hausschweinebauch (2er Bauch = fetter, fester Bauchspeck!)

Gewürze und weitere Zutaten

2 g weißer Pfeffer, ganze Körner
1,5 g schwarzer Pfeffer, ganze Körner
0,5 g Muskatnuss
0,3 g Piment, ganze Körner
21 g Kochsalz, feine Körnung
4 g Traubenzucker
2 frische Knoblauchzehen
Schweine-Naturdarm Cal. 28/30 (1er-Qualität!)

Zubereitung

Das Wildfleisch und den Hausschweinebauch wie im vorigen Rezept beschrieben wolfen.

Anschließend gleich vorgehen wie bei der Bratwurstherstellung (allerdings ohne Zugabe von gedünsteten Zwiebeln!).

Frisch gefüllte Wildschweinbratwurst

Meine Wurstküche für die Veredelung des erlegten Wildbrets

Wildschinkenherstellung

Einsalzen

Schinken wird nach dem Einreiben mit einer Salz-Gewürz-Mischung (siehe Rezept unten) vor dem Räuchern entweder nass gepökelt oder trocken gepökelt (Trockensalzung) und vakuumiert. Ich bevorzuge die zweite Methode. Der Vorteil beim Vakuumieren ist, dass die Gewürze und Aromen wesentlich effektiver in das Wildfleisch einziehen und der Geschmack später (nach dem Kalträuchern) intensiver ist. Mit einer Nasspökelung wird ein Schinken geschmacklich niemals so sein wie einer, der nach der Art der Trockensalzung hergestellt wurde.

Durchsalzzeit

Wie lange ein Schinken bei 7 °C an Durchsalzzeit benötigt, habe ich wie folgt festgestellt:

Ab 5 cm Schinkenfleischdicke beträgt die reine Durchsalzzeit vier Tage. Für jeden weiteren Zentimeter Schinkenfleischdicke dauert die Durchsalzzeit jeweils einen Tag bzw. 24 Stunden länger. Somit ist ein Schinken, der beispielsweise eine Fleischdicke von 10 cm hat, nach 9 Tagen komplett durchgesalzen. Sollten Sie einmal zeitlich verhindert sein und den Schinken nicht pünktlich aus der Salzung holen können, ist es aber nicht ganz so schlimm, denn eine Übersalzung kann nicht stattfinden. Es ist überhaupt kein Thema, wenn der Schinken noch ein paar Tage länger vakuumiert oder in einem luftdichten Gefäß im Kühlschrank gelagert wird.

Vorbereitung zum Kalträuchern

Nach der vorgegebenen Zeit wird der Schinken in einer sauberen Schüssel mit sehr warmem Wasser abgewaschen, aber **nicht gewässert!** Wässern ist überhaupt nicht notwendig, da Salz und Gewürze ja genau nach Gewicht des Schinkens abgewogen und abgestimmt wurden.

Nach dem Abwaschen der Gewürze wird der Schinken mit einem sauberen Geschirrtuch aus Baumwolle gut abgetrocknet. Mit einer Specknadel wird an einer Ecke ein Loch gestochen und ein Wurstgarn-Bindfaden zum Aufhängen eingefädelt. Der Schinken sollte jetzt an einem Ort, der frei von Fliegen ist, bei niedriger Zimmertemperatur (bestenfalls 16–18 °C) ca. 2–3 Tage trocknen und „durchbrennen“.

Kalträuchern

Danach kann der Schinken in den Kaltrauch und bei maximal 25 °C geräuchert werden. Je nach Geschmack reichen 2–3 Räuchergänge, die jeweils 10–12 Stunden dauern.

Damit der Schinken nicht zu intensiv nach Buchenrauch schmeckt, empfehle ich einen Sparbrand mit feinem Buchenholzmehl und getrockneten Wacholderbeeren. Durch die Wacholderbeeren wird der Buchenrauch milder, und der Schinken erhält noch ein zusätzliches Aroma. Achten Sie darauf, dass mindestens zwei Tage zwischen den Räuchervorgängen liegen und wirklich keine Fliegen oder anderes Ungeziefer an das Räuchergut gelangen kann.

Lagern

Wenn der Schinken nach dem Räuchern den gewünschten Reifegrad erreicht hat, kann er vakuumiert eingefroren werden und ist mindestens ein Jahr haltbar, ohne dass er etwas von seinem Geschmack einbüßt. So hat man das ganze Jahr über immer frischen Wildschinken.

Wildschinken vom Wildschwein, Reh-, Rot- oder Damwild

Zutaten

größere Wildfleischstücke für Schinken, z. B. aus der Keule (Unterschale, Oberschale, Nuss oder Hüfte), vom Rücken oder Träger von stärkeren Stücken)

Gewürze* und weitere Zutaten pro kg Wildfleisch

- 2,5 g schwarzer Pfeffer, ganze Körner
- 4–5 g Wacholderbeeren
- 3 Lorbeerblätter, getrocknet
- 40 g Nitritpökelsalz**
- 2– g Traubenzucker
- 2 frische Knoblauchzehen

*** TIPP** Auch bei der Schinkenherstellung sollten Sie bitte immer frische Naturgewürze verwenden, die Sie erst kurz vor der Verarbeitung mit der Gewürzmühle mahlen.

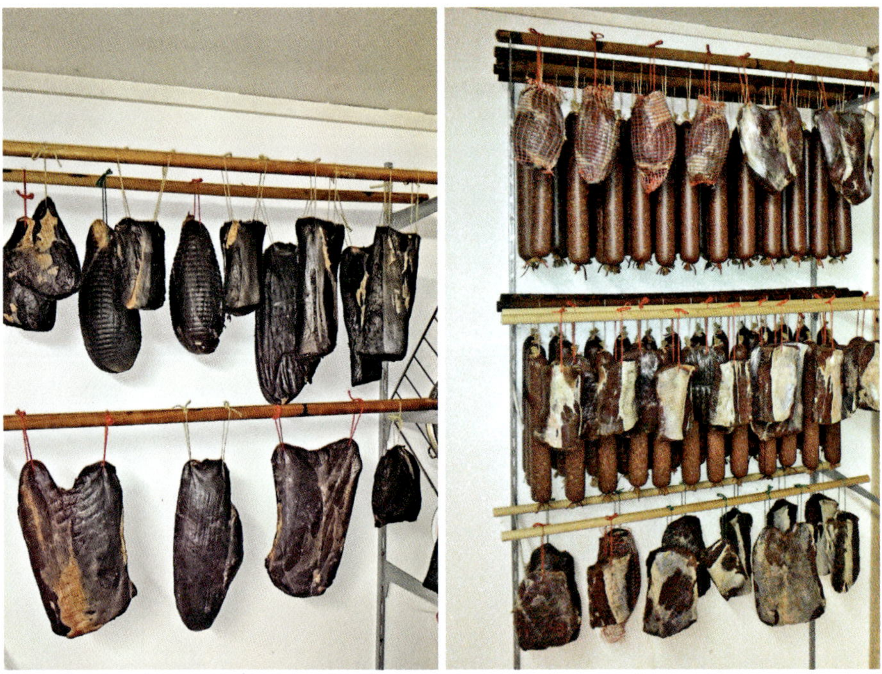

Wildschinken von Rot-Schwarz- und Rehwild sowie Salami im Reifegerüst

**** TIPP** Sie können natürlich auch reines Kochsalz verwenden, dann wird der Schinken zwar nicht so schön rot wie beim Nitritpökelsalz, aber man genießt den Schinken ohne Zusatz von Kalium- oder Natriumnitrit (E 249 oder E 250), das im Nitritpökelsalz enthalten ist!

Zubereitung

Fleischstücke für die Schinkenherstellung schneiden (sie sollten mindestens 5 cm dick sein!) und wiegen. Die Gewürze entsprechend dem Gewicht der Schinkenstücke abwiegen und mahlen.

Die Gewürze mit dem Salz, dem Traubenzucker und dem frisch gepressten Knoblauch mit den Händen in einer Schüssel gut vermengen und zerdrücken.

Die Schinkenstücke mit der fertigen Salz-Gewürz-Mischung mit den Händen gut von allen Seiten einreiben, sodass alles gut verteilt ist.

Im Anschluss die Schinkenstücke sofort vakuumieren oder in einem luftdichten Gefäß mit Deckel bei 7 °C in den Kühlschrank stellen.

Wie oben beschrieben je nach Dicke der Schinkenstücke 4 Tage oder länger durchsalzen lassen, dann zum Räuchern vorbereiten und lufttrocknen, anschließend die Kalträucherung durchführen.

Herstellung von Wildschweinmettwurst

Wichtige Tipps und Hinweise

An die Herstellung von Rohwurst/Wildschweinmettwurst muss mit Konzentration und Genauigkeit herangegangen werden. Das Wildbret wird vor der Herstellung und Verarbeitung zur Wurst keiner Hitzebehandlung unterzogen. Wenn bei unsachgemäßer Versorgung des Stückes schon im Vorfeld folgenschwere Fehler gemacht werden, insbesondere durch mangelnde Hygiene beim Aufbrechen, bei Transport, Lagerung und Zerlegen des Wildbrets, können Keime und Bakterien dazu führen, dass die fertige Wildschweinmettwurst schneller verdirbt! Daher muss stets von Anfang an auf sachgemäße Hygiene in allen Punkten geachtet werden, dies gilt selbstverständlich auch für alle Werkzeuge und Gerätschaften, die zur Wurstherstellung benötigt werden.

Ich persönlich stelle meine Wildschweinmettwurst bevorzugt stets in der kühleren Jahreszeit her, da ab 14 °C ein erhöhtes Risiko zum Verderb gegeben ist, es sei denn, man hat die entsprechenden klimatisierten Räumlichkeiten wie in einer Fleischerei. Das Wildbret für die Mettwurstherstellung sollte maximal zwei bis vier Tage (von der Erlegung bis zur Wurstherstellung) bei 7 °C reifen, da das Wildfleisch in diesem Zeitraum noch über einen höheren Säuregrad verfügt und sein pH-Wert noch relativ niedrig ist. Ein höherer Säuregehalt bewirkt eine bessere und längere Haltbarkeit.

Zubereitung des Wurstbräts

Das Wildbret und der Hausschweinebauchspeck sollten vor dem Wolfen kurz angefroren werden. Der Hausschweinebauchspeck sollte kernig und nicht weich oder schwammig sein, daher eignet sich der Bauchspeck von älteren Hausschweinen viel besser. Ich verwende nur den Bauchspeck von Bioschweinen, die bei der Schlachtung ein Mindestalter von fast einem Jahr aufweisen und aus einer tiergerechten Haltungsform stammen.

Die optimale Kerntemperatur des Wurstbräts sollte 4–5 °C nicht übersteigen, daher ist auch das vorherige Anfrieren wichtig! Des Weiteren ist darauf zu achten, dass die Messer des Fleischwolfes scharf sind und das Fleisch scharfkantig geschnitten bzw. gewolft wird. Bei stumpfen Messern und Lochscheiben des Fleischwolfes kommt es zum Schmieren der Fleischmasse, was zusätzlich noch zu Verfärbungen des Wurstbräts führen kann! Nach dem Wolfen wird die Wurstmasse mit den sauberen Händen gut durchmengt, sodass die vorweg mitgewolften Gewürze und das Pökelsalz gleichmäßig in der Wurstmasse verteilt sind und das Wurstbrät eine gute Bindung erhält. Achten Sie darauf, dass dies zügig geschieht und die Temperatur der Wurstmasse bis zum Füllen nicht mehr als 7 °C erreicht!

Beim Füllen von Würsten ist immer darauf zu achten, dass die entsprechende Wursthülle/Rohwurstdarm gleichmäßig fest und ohne Lufteinschlüsse mit dem Wurstfüller gestopft wird. Kleine erkennbare Lufteinschlüsse können mit einem entsprechend geeigneten Wurststippser oder einer Nähnadel eingestochen werden, sodass die Luft entweichen kann.

Umrötung und Reifung

Nach dem Füllen wird die Wildschweinmettwurst auf geeignete Räucherstöcke gehängt und in einen dunklen, kühlen und belüfteten Raum gebracht – aber Vorsicht, in diesem Raum darf kein Luftdurchzug vorhanden sein! Die geeignete Raumtemperatur für das Umröten und Reifen der Wurst liegt zwischen 6–7 und 14 °C.

Ein weiterer wichtiger Aspekt bei der Umrötung und Reifung der Wildschweinmettwurst ist die jeweilige Luftfeuchtigkeit im Raum, diese sollte 80 % betragen. Aber auch hier ist Vorsicht geboten: Die Luftfeuchtigkeit sollte regelmäßig überprüft werden! Wenn die Luftfeuchtigkeit über 80–85 % steigt, dann können die Würste Schimmel auf dem Darm ansetzen. Dieser muss dann abgewaschen werden: Und zwar löst man Kochsalz in lauwarmem Wasser auf, taucht ein sauberes Tuch ein, wringt es aus (darf nicht zu nass sein!) und wischt damit die Würste ab.

Luftfeuchtigkeit, Temperatur und der zugfreie dunkle Raum sind wichtig, damit bei der Wurst kein Trockenrand entsteht. Denn dieser Trockenrand würde bewirken, dass die Feuchtigkeit (Wassergehalt des Fleisches) bei der Wurstreifung nicht nach außen gelangt und es dadurch zur Übersäuerung, zum Faulen und Schlechtwerden der Wurst kommen kann. Wenn ich merke, dass die Luftfeuchtigkeit sinkt, dann sprühe ich jede einzelne Wurst mit einer sauberen und mit kaltem Wasser gefüllten Sprühflasche ein, streife das Wasser auf dem Darm danach ab und hänge die Würste wieder auf den Stock. Wer auf Nummer sicher gehen möchte, der kann sich natürlich auch einen klimagesteuerten Reifeschrank für die Rohwurstreifung kaufen, diese gibt es ja inzwischen schon relativ kostengünstig im Fachhandel zu kaufen.

Räucherung und Nachreifung

In der Regel ist unter den oben genannten Bedingungen die Wurst nach 10 Tagen so weit, dass sie bei 19 °C bis maximal 24 °C je nach persönlichen Geschmacksvorlieben zwei- bis dreimal jeweils 10–12 Stunden geräuchert werden kann. Zwischen dem ersten und dem nächsten Räuchergang sollten mindestens 3 Tage liegen und nach dem Räuchern sollten die

Würste auf den Räucherstöcken wieder in dem zuvor verwendeten Reiferaum bis zum nächsten Räuchervorgang aufbewahrt werden (sofern nach den Räuchergängen im Räucherschrank die Temperatur zwischen 6 und 14 °C eingestellt werden kann, dann können die Würste bis zum nächsten Räuchern auch dort verbeiben).

Nach dem letzten Räuchervorgang werden die fertigen Wildschweinmettwürste zum weiteren Reifen wieder an einen kühlen, dunklen, luftigen, aber zugfreien Ort im Keller an ein Hängegerüst an der Wand gehängt.

Lagerung

Wenn die Würste die gewünschte Festigkeit erreicht haben, dann vakuumiere ich jede einzelne Wurst und friere sie ein, so habe ich das ganze Jahr über immer frische und schmackhafte Wildschweinmettwurst. Zum Auftauen wird die Wurst aus dem Vakuumierungsbeutel herausgeholt und in der Küche aufgehängt. Das sich auf dem Wurstdarm bildende Frostwasser wird mit einem Küchentuch zwischendurch abgetrocknet. Meist ist die Wildschweinmettwurst schon nach 3–4 Stunden bei Raumtemperatur aufgetaut und zum Genuss bereit.

Wildschweinmettwurst mit Zugabe von Rückenspeck vom Hausschwein

Zutaten

650 g Wildschweinfleisch
350 g Rückenspeck vom Hausschwein oder fetter, fester und kerniger Bauchspeck in Topqualität

Gewürze (pro 1 kg Fleischmasse)

20 g Nitritpökelsalz*, feine Körnung
3 g weißer Pfeffer (ganze Körner)
1 g schwarzer Pfeffer (ganze Körner)
0,5 g Muskatnuss
0,5 g Piment (ganze Körner)
0,5 g Majoran
0,5 g Thymian
8 g Traubenzucker
2 frische Knoblauchzehen
Walsroder FR Natur-Rohwurst-Kunstdarm im Kaliber 45/30 oder 45/40.

Frische Wildschweinmettwurst beim Umröten und fertig geräucherte und verzehrfertige Wildschweinmettwurst.

*** TIPP** Allergiker nehmen bitte reines Kochsalz. Die Mettwurst schmeckt genauso gut, ist nur nicht so rot in der Farbe wie mit Nitritpökelsalz.

Zubereitung

Das Wildfleisch und den Speck vom Hausschwein wolfen, die Gewürze in der Gewürzmühle frisch mahlen, das Wurstbrät herstellen und die Würste füllen wie auf S. 148 beschrieben. Weiter vorgehen wie oben ausführlich dargestellt.

Ausklang

In den vergangenen fast drei Jahrzehnten, in denen ich selber gejagt habe, und in den insgesamt 45 Jahren, in denen ich die Jagd und das Weidwerk in allen Bereichen erleben durfte, hat sich bis heute sehr viel verändert. Und mich stimmt es oftmals traurig und wehmütig, wenn ich jetzt erlebe, wie die Bejagung durch manche Försterinnen und Förster vielerorts praktiziert wird. Ich möchte nicht polarisieren und niemandem zu nahe treten, aber ich vermisse gerade bei der jüngeren Generation von Försterinnen und Förstern das ehrenhafte Verhältnis zum Wild und den Gedanken, dass das Beutemachen nicht im Vordergrund stehen sollte.

In einigen Forstämtern der neuen Generation habe ich erlebt, dass die Jagd nur allzu oft als notwendige Regulierungsmaßnahme von Rotwild, Rehwild und Schwarzwild gesehen wird, dass nur noch der Wirtschaftswald im Vordergrund steht und diese Wildarten als Schädlinge gesehen und bekämpft werden.

Leider hat jetzt auch die ASP (Afrikanische Schweinepest) Einzug in unser schönes Heimatland gehalten, und wie das Schwarzwild nunmehr vielerorts bejagt wird, lässt tief blicken und mich manchmal den Kopf schütteln. Gerade jetzt, aufgrund der ASP, ist es wichtig, das Schwarzwild besonnen und professionell zu jagen, und damit meine ich nicht die technischen Möglichkeiten, die der Gesetzgeber je nach Bundesland für die Bejagung auf Schwarzwild erlaubt.

Nicht die Zahl der gesamten erbeuteten Schwarzkittel ist für die Bekämpfung der ASP von Bedeutung, vielmehr sollte bei der Bejagung der Schwarzwildrotte nach wie vor auf die Sozialstruktur geachtet werden. Wer führende Bachen und Leitbachen erlegt, fördert diese verheerende Seuche noch zusätzlich, denn gerade die älteren und erfahrenen Leit- und Führungsbachen bleiben weitestgehend auch bei erhöhtem Jagddruck in ihren gewohnten Einstandsgebieten. Werden diese erlegt, wandern die führungslosen Frischlinge und Überläufer relativ zügig weithin ab und verbreiten die ASP schneller und vielleicht auch haltloser!

Wie viele andere Weidmänner und Landwirte hoffe ich, dass wir die ASP schnell in den Griff bekommen und unser ritterliches und intelligentes Schwarzwild in Zukunft gesund und in den wichtigen sozialen Familienverbänden seine Fährten weiter durch unsere Reviere ziehen kann.

Ich appelliere an die Forstamtsleiterinnen und -leiter, die Försterinnen und Förster, dass unsere edlen Schalenwildarten nicht als Forstschädlinge und Waldfresser gesehen und bejagt werden. Es wäre schön, wenn auch Forstbeamtinnen und -beamte den Spruch verinnerlichen würden:

„Das ist des Jägers Ehrenschild,
dass er beschützt und hegt sein Wild,
weidmännisch jagt, wie sich's gehört,
den Schöpfer im Geschöpfe ehrt!"

Ich wünsche und hoffe, dass die Jagd in Zukunft in unserer Gesellschaft wieder einen Stellenwert erhält und vor allem Tierrechtler und Gegner der Jagd erkennen, dass Jägerinnen und Jäger nicht nur den Abschuss des Wildes im Sinn haben, sondern auch um die Natur und die damit verbundenen Lebensräume der Tiere des Waldes bemüht sind. Jagd ist aktiver Naturschutz!

Ich wünsche mir, dass wir alle in Zukunft die Jagd mit Verstand, Wissen, Leidenschaft und handwerklichem Können ausüben und noch viele beeindruckende Erlebnisse in unserer Natur und mit den dazugehörenden Tier- und Pflanzenarten erleben dürfen.

Weidmannsheil!
Ihr Ronald Schmidt